婴幼儿
行为心理学

黄引康 ◎ 编著

中国纺织出版社有限公司

内 容 提 要

面对幼龄的孩子，父母们往往会感到手足无措。他们既不知道孩子的心里在想什么，也不知道如何与孩子进行沟通。只靠着猜测，显然是行不通的。明智的父母会给予孩子更多的帮助和关注，也会观察孩子的行为举止，洞察孩子的内心。

本书以婴幼儿心理学为基础，教会父母如何观察婴幼儿的行为，从而了解婴幼儿的需求，给予婴幼儿更多的引导和帮助。当父母能够通过婴幼儿的行为了解婴幼儿的内心，走入婴幼儿内心的世界，那么就可以满足婴幼儿的需求，让婴幼儿得到更好的照顾和陪伴。

图书在版编目（CIP）数据

婴幼儿行为心理学 / 黄引康编著. ---北京：中国纺织出版社有限公司，2021.4
ISBN 978-7-5180-7874-5

Ⅰ. ①婴… Ⅱ. ①黄… Ⅲ. ①婴幼儿心理学—通俗读物 Ⅳ. ①B844.11-49

中国版本图书馆CIP数据核字（2020）第174277号

责任编辑：赵晓红　　责任校对：高　涵　　责任印制：储志伟

中国纺织出版社有限公司出版发行
地址：北京市朝阳区百子湾东里A407号楼　邮政编码：100124
销售电话：010—67004422　传真：010—87155801
http://www.c-textilep.com
中国纺织出版社天猫旗舰店
官方微博http://weibo.com/2119887771
三河市宏盛印务有限公司印刷　各地新华书店经销
2021年4月第1版第1次印刷
开本：880×1230　1/32　印张：7
字数：114千字　定价：39.80元

凡购本书，如有缺页、倒页、脱页，由本社图书营销中心调换

前言

　　孩子是父母爱情的结晶，也是父母生命的延续。当听到孩子发出响亮的啼哭声时，不管是爸爸还是妈妈，心里一定都百感交集，既激动喜悦，又感到隐隐的不安。激动和喜悦，是因为他们终于等来了这个新生命。隐隐不安，是因为他们不知道如何才能照顾好这个新生命。就在父母复杂的心情还没有平复下来的时候，紧接着会发生一连串的事情，让新手父母们感到焦头烂额。新手父母往往不知道孩子接二连三的哭声到底是因为什么，孩子是饿了，还是渴了？是拉了，还是尿了？是生病了，还是身体的其他某个部位感觉不舒服呢？总而言之，听着孩子一声接着一声的啼哭，新手父母往往会感到心急如焚，要是有人能够把孩子的哭声翻译给他们听，他们就不会这么着急了。

　　在这一刻，父母一定盼望着孩子能够早一些说话，因为孩子在会说话之后至少可以表达自身的需求，也就不用父母费心去揣测他们的哭声到底是什么意思了。然而，当孩子会说话之后，他们也学会了走路，随着孩子不断成长，父母会发现更多的挑战接踵而来。孩子总喜欢把小手放到嘴巴里；孩子不管走到哪里都喜欢捡东西；孩子吃东西虽然津津有味，却不知道这个东西是健康的还是不健康的；孩子的表情是那么呆萌，但是他们转瞬之间又会号啕大哭起来。看到孩子的这些表现，父母们更加抓

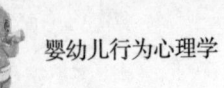

狂，他们不知道孩子做出这些行为意味着什么，也不知道孩子说出的那些简单的字词到底代表着什么意思。

有的时候，孩子会张开双臂，高兴地扑到父母的怀里，把自己的头靠在父母的肩膀上，甚至会用自己的脸摩挲父母的脸。感受到孩子这样的温暖和爱意，父母的心中是非常欣慰的。而有的时候，孩子又会愤怒得脸红耳赤，四肢不停地踢腾，甚至会挺直身体来表达对父母的抗拒。父母要知道，孩子的一切举动都是有含义的，父母只有用心地观察，才能及时地捕捉孩子不同的表情、行为等，才能解读孩子的心语。

每一个父母都想洞察孩子内心的秘密，都想与孩子进行心灵上的对话。在真正能够与孩子平等地用语言进行顺畅的沟通之前，父母们必须学会察言观色，才能洞察孩子的行为心理，才能走进孩子的内心，了解孩子的心思，满足孩子的需求。

很多父母都说自己要陪着孩子一起成长，但是真正能够做到这一点的父母却少之又少。尤其是很多年轻的父母，他们原本过着非常潇洒自由的生活，但是随着孩子的出生，他们的生活变得一团糟。尽管伴随着喜悦，但是他们不得不付出所有的时间来陪伴和照顾孩子，尽管他们已经急得满头冒汗，但是依然不知道孩子的哭声、面部表情和肢体动作到底蕴含着怎样的意思。要想真正走入孩子的内心，父母还应学习更多的婴幼儿行为心理学的知识，从而以理论指导实践，并且在用实践验证理论的基础上，力图了解孩子的真心，也寻求到帮助孩子解决问题的方法。很多父母都拼尽全力满足孩子的各种需求，却忽

前言

略了孩子真正的需求。当看到孩子的脸上不再有委屈和泪痕，而是露出满足的微笑时，父母一定会获得有生以来最大的成就感。

也许有些父母会说他们不管做什么都是为了爱孩子，那么，父母是否知道孩子不管做什么都是在向父母传递各种各样的信息呢？父母即使以满腔的爱对待孩子，也不知道孩子真正想要表达的是什么，这样是无法让孩子健康快乐地成长的。父母必须了解孩子的心思，也必须知道孩子潜在的需求，并且要知道以怎样的方式爱孩子才能让孩子感到快乐，才能让孩子走过叛逆的童年，走向成熟的成年。

父母是这个世界上最伟大的职业，每一个父母都要穷尽一生，才能做好这份伟大的职业。孩子的心灵尽管简单，父母却并不能完全了解。孩子那么信任父母，父母却仿佛隔着一层云雾在观察孩子的心，这当然会让父母感到非常遗憾。阅读本书，能够让父母揭开蒙住孩子心灵的神秘面纱，贴近孩子的心灵，与时俱进地陪伴孩子成长，成为孩子真正的引领者。

编著者

2020年10月

第一章　哭泣，是宝宝降临人世后最先使用的语言 ‖001

　　家有夜哭郎 ‖002

　　受到惊吓，睡不安稳 ‖005

　　生理性啼哭：哭声短促，抑扬顿挫 ‖011

　　病理性啼哭：阵发性、急促性哭闹 ‖017

　　边哭边寻找，不是饿了就是渴了 ‖022

　　分离焦虑的表现之一：啼哭 ‖027

第二章　察言观色看懂宝宝的"晴雨表"，才能当好父母 ‖033

　　宝宝就像金鱼吐泡泡 ‖034

　　脸色涨得通红，原来是要拉臭臭 ‖038

　　宝宝的委屈，要融化父母的心 ‖043

　　宝宝盯着某处看，原来是好奇心在作祟 ‖047

　　宝宝无精打采、两眼无神时需及时就诊 ‖051

　　宝宝笑着转向妈妈 ‖055

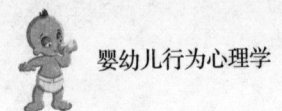

第三章 看懂宝宝传情达意的手势，读懂宝宝的手部语言 ‖061

别给宝宝戴手套 ‖062

读懂宝宝紧张的小拳头 ‖066

宝宝张开双臂扑向你 ‖070

宝宝最爱抓东西 ‖074

宝宝爱上了敲敲打打 ‖079

宝宝把东西倒来倒去 ‖082

第四章 观察宝宝的身体语言，读懂宝宝的肢体动作 ‖087

宝宝怎么吐奶了 ‖088

宝宝经常打嗝怎么办 ‖093

宝宝为什么爱吐舌头 ‖097

宝宝认生啦 ‖101

宝宝走来走去，爬上爬下 ‖106

宝宝为何喜欢看大人洗澡 ‖110

第五章 走入宝宝的内心世界，才能投其所好 ‖115

行走的十万个为什么 ‖116

宝宝为何只听一个故事 ‖119

爱涂鸦的小宝宝 ‖123

目 录

宝宝喜欢抱着毛绒玩具睡觉 ‖128

宝宝喜欢和大孩子在一起玩 ‖133

家有人来疯，爸妈怎么办 ‖138

第六章 解读宝宝的身体姿态，解开宝宝的心灵密码 ‖143

宝宝，你是小袋鼠吗 ‖144

宝宝为何爱咬人 ‖148

宝宝为何爱咬衣服 ‖152

宝宝为何爱跺脚 ‖156

用挺直的身体宣告：我不配合 ‖159

第七章 倾听宝宝的心声，听懂宝宝的心语 ‖165

我的，我的，都是我的 ‖166

不，不，我就不 ‖170

孩子为何说狠话 ‖175

妈妈，帮我…… ‖179

宝宝为何爱挑衅 ‖185

第八章 捕捉宝宝的敏感期，了解宝宝的异常行为 ‖189

固执的宝宝，执拗的敏感期 ‖190

宝宝嫌弃妈妈吃过的食物 ‖195

宝宝的模仿能力可真强 ‖198

宝宝怎么是个破烂大王啊 ‖201

宝宝怎么还是个破坏大王啊 ‖206

宝宝爱上了阅读 ‖210

参考文献 ‖214

第一章 哭泣,是宝宝降临人世后最先使用的语言

孩子在降临人世之初,就伴随着一声响亮的啼哭。这种啼哭标志着宝宝来到了人世,也标志着孩子非常健康。在出生之后,孩子很长时间里都不会说话,所以他们要用哭泣的方式来向妈妈表达自己的需求。很多年轻的新手妈妈不知道孩子为何一直啼哭,总是急得团团乱转。实际上,如果妈妈能够了解孩子哭声的含义,知道孩子之所以哭泣,是在向妈妈表达自己的情感需求,以及表达自己某些地方感到不舒适,那么妈妈就能够读懂孩子这种特殊的语言,在照顾孩子的时候就可以更加周到,也能够让孩子感到更加舒适和满足。

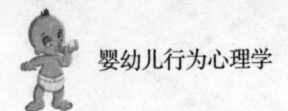 婴幼儿行为心理学

家有夜哭郎

　　很多新手父母在照顾孩子的时候总是感到非常担心，尤其是当夜幕降临的时候，他们往往觉得如临大敌。妈妈在生完孩子之后身体是非常虚弱的，如果在夜晚不能得到完整的睡眠，不能得到充分的休息，那么身心就会更加疲惫。偏偏有很多孩子在夜晚到来的时候总是不愿意睡觉，还不停地哭闹，这更是让妈妈感到特别焦虑。妈妈一则因为身体不适还处于恢复期，二则因为宝宝哭而心急如焚，往往会产生一些负面的情绪。当妈妈带着负面的情绪试图哄孩子安静下来的时候，效果往往不好。这是因为孩子虽然小，还不能用语言表达自己的内心，但是他们却是很敏感的。如果妈妈带着负面情绪和孩子相处，那么只会导致孩子哭得更厉害，日久天长还会影响孩子的心理健康。

　　很多爸爸妈妈都不明白，孩子在白天情绪非常稳定愉悦，而且睡觉也很安稳，按道理来说，到了夜晚，孩子应该睡得更加香甜才对。那么，为什么到了夜晚，宝宝却哭闹不止呢？经验丰富的爸爸妈妈知道这其实是小儿夜啼。当孩子在夜里哭闹不止的时候，爸爸妈妈不应该生气，更不应该感到厌烦，而是应该积极地想办法帮助孩子在夜晚拥有一个安稳的睡眠。通常情况下，孩子之所以会在夜里啼哭，有可能是因为他们白天睡

第一章　哭泣，是宝宝降临人世后最先使用的语言

了很多，晚上就不困倦了；也有可能是因为他们睡觉之前玩得太兴奋，所以不能及时入睡；还有可能是因为他们在睡觉之前吃了太多的食物，导致肚子里胀鼓鼓的，消化不良，也会感到难受。

当爸爸妈妈逐一排查孩子夜啼的原因，为孩子解决了问题，让孩子在睡觉的时候感到更安稳舒适，那么孩子就会形成良好的作息规律，晚上早早睡觉，早晨早早起床，而且还能够安安稳稳地睡一个大觉。对于爸爸妈妈而言，这将会是非常惬意的事情，因为爸爸妈妈也可以趁此机会好好地睡一觉，养精蓄锐。

很多新手妈妈在生完孩子之后，唯一的感觉就是困倦。她们每天都像睡不醒一样，孩子还没睡着呢，她们就先睡着了。其实，这不是因为妈妈们突然变得嗜睡，而是因为在照顾孩子的过程中，她们不能睡一个完整的觉。很多妈妈在生完宝宝之后，说自己最大的愿望就是能够踏踏实实地睡一个整觉，可想而知妈妈们有多么缺乏睡眠。随着孩子的成长，当孩子渐渐长大，能够拥有整晚睡眠的时候，妈妈才能拥有完整的睡眠。经过一夜的休息，白天里，妈妈的精力会更加充沛，可以全身心投入地照顾宝宝。

哲哲出生的时候有八斤多重，手和腿都很粗壮，就像藕节一样。所以，大家都亲切地称呼他为小胖子。在医院里，哲哲的表现非常好，每天吃饱了睡，睡好了再起来吃吃喝喝。哲哲长得非常快，到出院的时候就已经有九斤重了。

原本，妈妈以为哲哲是一个非常省事的孩子，却没想到回到家里之后，哲哲一改在医院里的作息规律，每天白天和在医院里差不多,高兴地吃吃喝喝,到了晚上就一声接着一声地啼哭。妈妈生哲哲是剖腹产,虽然伤口还没有完全愈合,但是看到爸爸哄哲哲一点儿效果都没有,所以就只能忍着疼痛起来,抱着哲哲在屋子里走来走去。然而,不管是被妈妈还是爸爸抱着,哲哲总是哭得越来越厉害。才过了几天,爸爸妈妈都被哲哲熬成了熊猫眼。

有一天,阿姨过来看望妈妈和哲哲。听到妈妈说哲哲是个夜哭郎,阿姨陷入了沉思。阿姨生过两个孩子,有带两个孩子的经验,所以她提醒妈妈:"是不是孩子白天睡得太多了?你看,我们来了这么久,他一直在睡觉。我觉得呀,你可以把他的作息规律略微调整一下,让他白天不要睡得那么久,这样他晚上困倦了自然就会睡得香甜,也就不会哭闹了。"在阿姨的提醒下,妈妈恍然大悟地说:"这个孩子真的白天一直在睡觉,除了吃就是睡,虽然新生儿每天就是吃吃睡睡,但是他睡得也太香甜了。如果他能把白天的觉挪到晚上去睡,那可太好了。"

妈妈尝试着调整了哲哲的作息规律,白天的时候适当控制哲哲睡觉的时间。果然,到了晚上,哲哲早早地就哈欠连天,而且每一觉睡的时间也延长了。看到哲哲睡得这么香甜,妈妈高兴极了。一段时间之后,哲哲把作息规律完全调整过来了,他白天吃喝睡玩,晚上睡大觉。以前他晚上要起来喝三四遍奶,每次喝奶都哭泣不止,现在他晚上只起来喝一遍奶,而且因为困倦,他闭着眼睛就把奶咕嘟咕嘟喝完了,马上又呼呼大睡起来。爸爸妈妈终于可以睡个好觉了,妈妈的熊猫眼也渐渐

第一章 哭泣，是宝宝降临人世后最先使用的语言

地好了，身体恢复的速度越来越快。

在这个事例中，哲哲之所以哭泣，就是因为他白天睡得太多，到了晚上就不困，也不想睡觉。但是他还小，不知道应该怎么表达自己的需求，又不能让爸爸妈妈陪着他玩，所以只能用哭泣来表达烦躁不安的情绪。幸好阿姨是一个经验丰富的养育者，在阿姨的提醒下，妈妈知道了要让哲哲白天少睡一些，晚上困倦一些。果不其然，自从白天睡得少，哲哲晚上睡得越来越香，所以妈妈也能得到良好的休息，恢复速度也越来越快。

很多孩子之所以哭泣，都是因为感到身体不适，或者因为睡不着而感到烦躁。这也是身体不适的一个重要指标。除此之外，如果空气太过干燥，抑或是室温过于闷热或者寒冷，这些都会让孩子哭闹不止。作为新手爸爸妈妈，一定要对孩子有耐心，要知道孩子不会无缘无故地哭闹不止。孩子之所以哭泣，肯定是有原因的。爸爸妈妈要细心地排查孩子哭闹的原因，也要尽量周到地照顾孩子，这样孩子才能吃饱喝足，睡得香。

受到惊吓，睡不安稳

自从调整了作息规律之后，哲哲最近几个月睡觉都非常好。他白天吃喝玩乐，晚上呼呼大睡，爸爸妈妈也终于可以在晚上哲哲睡大觉的时候安稳地睡上一觉了。然而，好日子才过了没多久，哲哲晚上又开始哭闹起来。妈妈这次有了经验，开始——排查哲哲哭闹的原因，观察哲哲是否没有吃饱或者是吃得太饱，消化不良；观察家里的温度和湿度是否合适；观察哲哲白天是否睡得过多。妈妈把每一种原因都想过了，但是却发现这些方面都没有问题，那么哲哲为何哭泣不止呢？

这次哲哲的哭泣和之前的哭泣是不同的，哲哲之前白天睡得非常香，直到晚上才会哭闹着不愿意入睡。但是现在他白天睡觉的时候也会突然间哭醒，而且他醒来的时候双眼半睁半闭，身体轻微地抽搐着，有的时候手脚还会不由自主地踢腾。他哭得撕心裂肺，声音非常尖锐，妈妈赶紧把他抱起来。这次他没有像以往那样哭个没完没了，当感受到自己在妈妈怀抱中的时候，他马上又紧紧地闭上眼睛，睡得香香的。看到哲哲总是这样一惊一乍，妈妈被搅和得心神不宁，好不容易才睡了这几个月的安稳觉，这又是怎么了？而且现在不但晚上会哭闹，白天也会哭呢！

妈妈对这样的情况束手无策，想起上一次就是因为得到了阿姨的启发，所以才能找到哭闹的原因，在无奈之下，妈妈只好给阿姨打电话描述了哲哲的情况。阿姨沉思片刻，说："哲哲应该是受到了惊吓，孩子的胆子特别小，很容易受到惊吓。很多孩子都会有出现惊吓性啼哭的情况。所以你不用过于担心。你只要把他抱起来，让他感觉到安全，还可以轻轻地拍拍他的后背或者是胸口，这样他感受到妈妈就在他的身边，就又会安然入睡了。"妈妈听了阿姨的话，连连点头，说："真的，就像您说的这样，他的确只要感受到我在他身边，很快又

第一章 哭泣，是宝宝降临人世后最先使用的语言

会呼呼大睡。孩子受到惊吓，有没有什么办法可以缓解呢？"

阿姨告诉哲哲妈妈："在日常生活中，当孩子睡觉或者是专注地做某件事情的时候，不要突然发出巨大的声音，否则大人觉得这么大的声音是正常的，但是对孩子而言，他们就会受到惊吓。此外，也不要当着孩子的面一惊一乍的。有了孩子，父母的动作一定要轻柔，这样才能保护好孩子。"在阿姨的启发下，妈妈想起自己和爸爸在一起说话的时候总是会一惊一乍的，有的时候会突然把声音提得很高，还会因为在一起笑闹而发出很大的声音，难道哲哲就是因此而受到惊吓的吗？后来妈妈把这件事情告诉了爸爸，和爸爸约定以后当着哲哲的面说话一定要柔声细气。爸爸对妈妈的建议表示认同。

很多孩子都会出现惊吓性啼哭的情况，他们从睡梦中惊醒之后，会撕心裂肺地号啕大哭。与此同时，他们身体会轻微抽搐，有的时候手和脚还会不停地扑腾，这就是典型的惊吓性啼哭。要想缓解孩子紧张的情绪，让孩子恢复平静，父母就要在第一时间给予孩子以安抚，最好能够把孩子抱在怀里，轻轻地拍打孩子的后背，也可以摸着孩子的头，这样就能够让孩子感受到父母就在他们的身边，正在保护他们。需要注意的是，很多孩子在受到惊吓之后会持续一段时间，他们在一段时间之内经常会出现惊吓性啼哭。所以父母要对孩子有耐心，也要积极地改正自己不当的言行，为孩子营造安全的成长环境。

在农村，很多老人在孩子受到惊吓之后，都会呼喊孩子的名字，为孩子聚敛心神，这是一种比较迷信的做法。对于帮助

婴幼儿行为心理学

孩子受到惊吓之后恢复心神的安定并没有太大的作用，最重要的是，父母要为孩子营造安全的成长环境，让孩子感受到自己在父母身边是非常安全的，也让孩子感到安心。这样孩子渐渐地就会觉得安全，也就能够缓解从梦中惊醒啼哭的情况。

除了使用安抚孩子的方法之外，有的时候还可以使用一些心理学治疗方法。孩子之所以会因为父母大声说话而受到惊吓，是因为他们不知道大声说话意味着什么，生怕会产生不好的后果。那么与其小心翼翼地对待孩子，在孩子面前屏息凝气，使孩子只要听到大一点的声音就会感到害怕，还不如采取脱敏疗法对待孩子。如果家庭环境始终是非常嘈杂的，而且父母说话的声音也是非常响亮的，那么渐渐地，孩子就会适应这样的情况，也就不会因为父母大声说话而受到惊吓了。具体采取哪一种方式对待孩子，需要父母根据孩子的实际情况来决定，毕竟这两种方式是相反的两个极端，所以父母要慎重地采用。

很多父母看到孩子因为听到大声而受到惊吓，他们在孩子身边说话就会非常小声，而且走路也会蹑手蹑脚。在很多家庭里，当新生儿出生之后，随时都会保持非常安静的状态，这样过于安静的状态，对于孩子的成长并不是一件好事情。毕竟在孩子小时候，父母可以为他们营造绝对安静的生存环境，但是等到孩子渐渐长大，他们会接触更多的人，进入更多复杂的环境，并不能保证周围的环境是绝对安静的。所以，在有一些家庭里，父母在孩子睡觉的时候会用正常的音量说话，会用正常的动静去做一些事情。有一些父母还会有意识地打开电视机，

第一章　哭泣，是宝宝降临人世后最先使用的语言

让电视发出声音。渐渐地，孩子非但不会因为周围环境的嘈杂而从睡梦中醒来，反而有可能渐渐地适应了这样的环境，不管外界的噪声多么大，孩子都能睡得非常香甜，这对于孩子而言当然是适应环境的表现。

虽然很多父母认为几个月的孩子还不能听懂父母的话，但是孩子的感觉是非常敏锐的，当外界突然发出异响的时候，父母应该把孩子抱在怀里，让孩子贴着父母的胸口，感受着父母的体温，最好能够与此同时告诉孩子"不怕，不怕，这是鞭炮的声音""不怕，不怕，这是在打雷呢""妈妈正在你的身边保护你，宝宝不害怕"。当父母坚持对孩子这么做的时候，孩子就会感受到父母的保护，就不会因此而受到惊吓。不要觉得孩子听不懂父母的话，孩子一定能够感受到父母的爱。

很多父母在发现孩子听到异常的响声而哭泣的时候，都知道孩子是受到了惊吓，所以才会感到害怕。孩子受到惊吓的时候有一个非常明显的表现，就是他们会情不自禁地抽搐一下，他们的手臂、手掌、双腿、双脚还会突然左右对称地向外伸张，这都是孩子受到惊吓很明显的肢体动作。然而，如果孩子突然从熟睡中醒来号啕大哭，父母就往往不能联想到孩子是因为受到惊吓才哭泣的。有些父母因为着急会马上把孩子抱起来走来走去，试图哄孩子恢复安静，却没想到这样会让孩子睡意全无。正确的做法是，当孩子从睡梦中惊醒的时候，父母不要抱起孩子，而是可以轻轻地拍着孩子的手臂、双腿或者是心、胸位置，一边拍一边可以低声地对孩子呢喃："妈妈在，妈妈

婴幼儿行为心理学

在,不害怕。"这样孩子就会感到安心,也会继续入睡。

我们也许会感到很纳闷,周围的环境非常安静,而且在黑夜中每个人都在酣睡,孩子为什么会突然受到惊吓呢?其实孩子的感觉是非常敏锐的,他有可能听到了外界的声音,也有可能是因为做了一个可怕的梦,因此而吓得哇哇大哭。但是因为孩子不会说话,所以父母就不会知道孩子到底经历了什么。但是,通过观察孩子的行为表现,父母可以知道孩子是受到了惊吓。孩子的那些动作都是惊吓反应所产生的原始反射,大多数孩子的惊吓反应只会维持两三秒,属于正常的现象,所以父母无须反应过激。有的时候,父母对于孩子哭泣的反应过激,反而还可能会让孩子感到害怕,也会影响孩子正常的睡眠。

要想验证孩子是否真的受到了惊吓,妈妈还可以检查孩子的大便。通常情况下,孩子如果受到了严重的惊吓,他的大便是会发生变化的,大便的颜色会变成黄绿色。这是为什么呢?原来宝宝在受到惊吓的情况下胆囊会收缩,从而排出更多的胆汁,所以粪便就会被胆汁染成黄绿色。这是宝宝受到惊吓一个非常明显的指标。当发现宝宝的粪便有了这样的改变时,爸爸妈妈要关注孩子的情况,也要安抚好孩子的情绪。

孩子总要长大,不可能永远在家庭安静的环境中成长,那么父母要从小就锻炼孩子的胆量,训练孩子的听力。在必要的时候,可以和孩子进行一些听声音的游戏。例如,孩子醒着躺在床上,妈妈可以在孩子的侧面摇响铃铛,让宝宝能够循着铃声看到摇铃。那么妈妈继续摇动摇铃,宝宝就会知道这个

声音是从摇铃里发出来的。在此过程中,妈妈可以向宝宝解释:"宝宝,这是铃铛在响哦,宝宝很喜欢铃铛的声音,对不对?"不要因为孩子不会说话就不和孩子沟通,实际上,妈妈说的每句话孩子都能够感知到。当生活中出现其他的声音,例如出现雨声的时候,妈妈可以抱着孩子站在窗前,指着玻璃,让孩子看到玻璃上雨滴正在滴落,也可以在刮风的时候抱着孩子站在窗口,让孩子听一听风的声音。大自然中的每一种声音都是孩子生活中必然出现的声音,所以妈妈应该尽量多地让孩子了解这些声音,也让孩子再次听到这些声音的时候不会感到害怕。

有一些人家住在马路边,那么如果夜里突然响起汽车的笛声,孩子也会被惊醒。白天的时候,每当马路上有汽车经过,爸爸妈妈可以告诉孩子这是汽车,汽车会发出滴滴声。虽然宝宝还不会说话,但是当父母坚持这么告诉孩子的时候,孩子渐渐地就会接受这些声音,也不会因为这些声音而感到害怕了。

生理性啼哭:哭声短促,抑扬顿挫

在成人的理解之中,一个人之所以哭泣,一定是因为有了伤心的事或者感到非常难受,也有可能会因为承受了极致的惊喜,所以才会喜极而泣。总而言之,成人认为哭泣一定是有理由的,否则为什么要哭泣呢?实际上,对于孩子而言,有的时候哭泣并没有理由，而只是纯粹的生理性哭泣。那么，年轻的妈妈听到孩子生理性哭泣的时候，不要感到过于慌张，而要知道，这是孩子运动健身的一种好方式，也是孩子打发无聊时光的一种好方式。所以，妈妈可以对此淡然相对。

新生命在呱呱坠地的那一刻，发出了嘹亮的啼哭声，往往让妈妈感到非常惊喜，甚至因此而掉下泪来。但是在宝宝成长的过程中，如果他们常常哭泣，那么妈妈就会因此而感到非常着急，甚至陷入焦虑的状态之中。作为妈妈，应该读懂孩子哭泣的语言。前文我们已经说了，孩子会有夜啼的情况，也会有惊吓性啼哭的情况。这里，我们将要说一说孩子的生理性啼哭。

孩子的生理性啼哭有一个很明显的特点，那就是并没有那么急迫。在哭泣的时候，宝宝的哭声抑扬顿挫，非常响亮，而且富有节奏感。宝宝的哭泣并没有表达明显的诉求，所以他们哭得非常自在。他们往往会哭一会儿，玩一会儿。尽管宝宝生理性哭泣维持的时间比较短，但是他们一天之中却会数次出现生理性哭泣。如果妈妈不能够读懂宝宝的语言，而是心急如焚地试图哄宝宝恢复安静，那么宝宝就会越哭越厉害。在这种情况下，妈妈简直急坏了。殊不知，宝宝正是用哭泣的方式强身健体呢！当妈妈感觉到宝宝的哭声非常有规律，而且抑扬顿挫，且并不急迫的时候，就不要再因为宝宝哭泣而感到心急。妈妈可以微笑着面对宝宝，也可以温柔地抚摸宝宝，渐渐地宝宝就会停止哭泣，说不定马上就会破涕为笑呢！

一直以来，妈妈都和奶奶一起照顾乐乐。有一天，奶奶回

第一章 哭泣，是宝宝降临人世后最先使用的语言

老家了，只剩下妈妈独自照顾乐乐。妈妈原本以为自己只要给乐乐吃饱喝足，就能够把乐乐照顾得很好，却没想到自从奶奶走了之后，乐乐每天都要哭好几次。妈妈记着奶奶的叮嘱，在乐乐哭的时候，她会观察乐乐是否撒尿了或者拉臭了，还会观察乐乐是不是饿了或者是渴了。在排除了这些原因之后，乐乐还在哭泣，这可怎么办呢？妈妈被乐乐哭得心急如焚，甚至忍不住对乐乐吼道："你哭什么哭？再哭我就把你送人了！"几个月的乐乐哪里知道妈妈说的是什么意思呢，看到妈妈怒目相对的样子，乐乐反而哭得更加厉害了。情急之下，妈妈想到自己购买过一本关于养育婴儿的书，所谓病急乱投医，虽然她知道书本上都是一些理论的知识，但是在这种情况下也聊胜于无啊，所以妈妈赶紧把书本翻出来，开始寻找相关的内容，指导自己。

　　在乐乐的哭声中，妈妈找到了关于孩子哭泣的内容。但是，这个时候，乐乐已经自己停止哭泣了，还对着妈妈呵呵地笑起来了呢。妈妈忍不住嗔怪："乐乐，你这个家伙，没事儿哭什么哭，哭得我汗都出来了。"趁着乐乐不哭的时候，妈妈赶紧翻看书上的内容，这才知道了一个概念：生理性啼哭。妈妈认真读了关于生理性啼哭的介绍，又结合乐乐的表现对号入座，发现乐乐应该八九不离十就是生理性啼哭。这让妈妈悬着的心放了下来。原本，妈妈以为乐乐既然不是因为吃喝拉撒而哭泣，那么肯定是生病了，妈妈还手忙脚乱地摸了摸乐乐的额头，又摸了摸乐乐的后背，甚至还拿出体温计给乐乐测了测体

温。但是一切都很正常，这就合理解释了乐乐哭泣的原因。妈妈基本断定乐乐是生理性哭泣，心里有底之后，妈妈就相对淡定一些了。当乐乐再次哭泣的时候，妈妈依然会排查这些原因，然后发现一切正常之后，她就会任由乐乐哭泣。当想让乐乐停止哭泣的时候，妈妈会轻轻地抚摸乐乐，也会对着乐乐微笑。

看到妈妈的情绪恢复了安静平稳，乐乐的情绪似乎好了起来。在哭泣的时候，妈妈还会拿起乐乐的小手小脚运动运动，果不其然，乐乐得到妈妈的关注就不再哭泣了，还咯咯咯地笑了起来。妈妈如释重负，暗暗想：这个小家伙可不简单呀，要是我没有及时地翻书，肯能就要被他难住了。

生理性啼哭是婴儿做运动的一种方式，毕竟婴儿还不会走路，也不会坐不会爬，所以他们没有办法用其他方式运动，而只能用这种富有节奏感、抑扬顿挫的哭声来和自己玩。有的时候婴儿哭累了，就会自己停下来休息一会儿，休息好了之后，他们又会继续哭泣。在这样的情况下，他们的心肺功能会得到增强，身体也会变得越来越强壮。如果父母想让孩子停止哭泣，那么就可以关注孩子，拿起孩子的小手放在腹部摇一摇，拿起孩子的小脚蹬两下，或者对着孩子微笑，用手摩挲孩子的头和面庞。这都能及时安抚孩子的情绪，孩子就不会继续哭泣了。

毋庸置疑，每个妈妈都希望听到孩子的欢声笑语，而不希望听到孩子的哭声。很多妈妈虽然掌握了很多育儿的理论，但

第一章　哭泣，是宝宝降临人世后最先使用的语言

是只要听到孩子的哭声，他们马上就会把这些理论抛之脑后，急得就像热锅上的蚂蚁一样，根本不知道应该怎么做才好，在不知不觉间就乱了阵脚。当然，作为妈妈听到孩子哭泣会着急，这是理所当然的。但是妈妈要知道，对于孩子而言，哭声不仅仅是他们表达需求的一种方式，也有可能是他们在表达情绪。这种情绪不但有悲伤的情绪，也有可能有高兴的情绪。有的时候，孩子会用哭声告诉妈妈："妈妈，我可真开心呀！我感到非常舒适！"遗憾的是，大多数年轻的妈妈都不知道宝宝的哭声到底意味着什么，她们认为宝宝之所以哭泣，只有一个原因，那就是他们感到身体不舒服。当这么想的时候，妈妈就会手忙脚乱地哄孩子，结果反而因为自己的过激反应而吓到孩子，让孩子越哭越厉害。

很多妈妈都养成了坏习惯，那就是只要一听到孩子哭，第一时间就会把孩子抱起来，根本不给孩子哭泣的机会。实际上，妈妈应该认真地倾听孩子的哭声，也应该对孩子的哭声做出正确的判断和反应，那就是如果孩子并不是病理性啼哭或者是需求性啼哭，那么妈妈只需要远远地看着孩子就好。孩子经常哭泣可以增强肺部的活动量，在哭的过程中吸入大量新鲜空气，加速血液循环。在此过程中，孩子的身体代谢也会得以增强，生长发育的速度会越来越快。有一些孩子吃得很多，一直躺在床上不运动，还会出现消化不良的情况。那么，当他们觉得无聊就会哭泣，在运用哭泣锻炼身体之后，他们的身体就会越来越健康，消化也会更好。知道哭泣有这么多好处，作为妈

婴幼儿行为心理学

妈,你还会禁止孩子哭泣吗?

当然,凡事皆有度,过犹不及。对于孩子而言,虽然哭是一种运动方式,但是如果孩子长时间哭泣,就会对身体起到损害的作用。如果妈妈觉得孩子已经哭了一段时间,已经达到了锻炼的目的,不想让孩子继续哭下去,那么就可以按照上文所说的方法安抚孩子,效果将会非常显著。

当然,作为妈妈一定要确定一点,那就是孩子是生理性啼哭,而不是因为身体不舒适或者是有什么急迫的情况,所以才哭泣。如果妈妈不能确定孩子是生理性啼哭,那么就要排查孩子哭泣的原因,否则一旦孩子感到身体不适而哭泣,妈妈却一直在远远地看着孩子,就不能及时地帮助和照顾孩子。

如今,在很多年轻的父母之中,流行着一种哭泣免疫法,意思就是,在孩子哭泣的时候,不要第一时间就抱起孩子,给予孩子安慰,而是应该任由孩子哭泣。这样孩子才会知道即使哭也不会有人马上抱他,而只有在不哭的时候,爸爸妈妈才会抱起他。人们之所以迷信哭泣免疫法,就是想用这种方法让孩子变得不再爱哭。

实际上,对于年幼的婴儿来说,哭泣是他们的一种语言,就像成人每天都会用说话的方式来表达自己一样。如果孩子不哭泣,那么他们又用什么方式来表达自己的内心呢?所以父母不要故意在孩子哭泣的时候忽视孩子,孩子的每一种哭声都代表着他的一种需求,除非确定孩子是在进行生理性啼哭,否则妈妈都应该及时回应孩子,也给予孩子他想要的安抚。

病理性啼哭：阵发性、急促性哭闹

　　对于每一位妈妈而言，孩子生病总是让他们非常担忧的。如果孩子生病有明显的症状，那么爸爸妈妈会在第一时间就带着宝宝去医院，让宝宝得到医生的帮助。但是如果孩子生病并没有特别明显的症状，而只是表现出烦躁不安或者是哭泣的情况，那么爸爸妈妈很容易忽略孩子这样的表现，甚至还会因为孩子一直在哭泣而感到非常厌烦。这让妈妈们感到特别困惑，不知道在孩子哭泣的时候，是应该把孩子送去医院，还是留在家里继续观察。有些妈妈在孩子刚开始哭的时候就把孩子送去医院，却发现孩子到了医院之后就不再哭泣了，而且还会笑嘻嘻地面对着医生。也有一些妈妈自作主张把孩子留在家里观察，等到次日把孩子送去医院的时候，医生却抱怨父母心太大，没有及时把孩子送来医院，险些贻误了孩子的病情。所以，要想正确地对待孩子的哭泣，也能够通过哭泣来判断孩子是否生病，妈妈就应该更加了解病理性啼哭。

　　病理性啼哭是与生理性啼哭相对而言的，通过前文的介绍，我们已经了解了生理性啼哭的时候，孩子哭声非常嘹亮，而且富有节奏感，并不急迫。那么病理性啼哭则完全不同，病理性啼哭会非常急促，而且孩子在哭泣的时候往往手脚胡乱地扑腾，脸色非常苍白。当发现孩子哭闹不休，而且身体有明显的异常变化时，爸爸妈妈一定要第一时间就把宝宝送去医院，让宝宝得到医生的检查和帮助，也得到及时的治疗。

晨晨从小就是一个很省事的孩子，她才几个月的时候，每天除了吃就是睡，情绪非常好，总是笑呵呵的。所以爸爸妈妈都很庆幸晨晨这么乖巧可爱，也很庆幸自己不像其他的爸爸妈妈那样被孩子弄得焦头烂额。

有一天晚上，晨晨正在睡觉呢，突然撕心裂肺地哭了起来。看到晨晨这样反常的表现，妈妈以为晨晨是因为做了噩梦，受到了惊吓，所以抱起晨晨轻轻地摇晃着。但是整整两个小时的时间里，晨晨一直在哭泣，而且并没有停下来的意思。看到晨晨哭得这么厉害，而且小脸煞白，爸爸不由得着急起来，说："咱们赶快送晨晨去医院吧，说不定他觉得哪里不舒服呢！"妈妈对爸爸说："孩子也有可能是生理性啼哭。我听人家说过，生理性啼哭就是孩子在做运动。晨晨没有发烧，不如我们再观察一下。"就这样，一直到了凌晨，晨晨还是在哭哭啼啼不愿意睡觉，爸爸坚持要把晨晨送到医院去。妈妈也有些慌了，意识到晨晨这不是生理性啼哭。他们这才手忙脚乱地穿好衣服，把晨晨送到医院。

医生在经过一番检查之后，面色凝重地对爸爸妈妈说："马上准备手术。"妈妈的眼泪突然下来了，她惊慌地问："为什么，为什么要手术？"医生说："根据我的判断，你们家的孩子应该是得了肠梗阻，而且因为你们送来得太晚了，现在已经不能采取保守治疗了，否则孩子的生命就会有危险。接下来，你们要带孩子去做一个全身检查，确定是肠梗阻之后就马上手术。"听到医生的话，妈妈两腿发软，不住地责怪自

第一章 哭泣，是宝宝降临人世后最先使用的语言

己：我为什么不早一点送孩子来医院啊？都怪我，都怪我！

这个时候，爸爸比较冷静，他对妈妈说："现在不要责怪自己了，我们也没有带孩子的经验，也不知道孩子会突然得这么急的病。现在，赶紧去做检查吧。如果需要手术，就赶快手术。"爸爸抱着晨晨去做检查，妈妈瘫坐在座椅上等待检查的结果。果然如医生所判断的，晨晨患了急性肠梗阻，而且有一部分肠子已经坏死了。医生在最短的时间内给晨晨做了手术，切除了晨晨一小段肠子，对于他的身体机能不会有太大的影响。妈妈心有余悸地说："以后，孩子一哭，咱们就要来医院，可不能再干这种糊涂事儿了。"

爸爸对妈妈说："这种事情的概率并不大，是因为我们有些大意了。我们以后要多看一些育儿的书籍，听懂孩子的哭声。如果孩子是生理性啼哭，咱们的确没有必要来医院折腾一趟。"

哭是孩子唯一的语言，对于父母来说，要想了解孩子的语言，知道孩子的各种需求，真的不是一件容易的事情。尤其是很多父母都是新手，并没有养育孩子的经验。在听到孩子的哭声时，往往会非常惊慌，也会手忙脚乱。那么，对于孩子生理性的啼哭，父母的确无须反应过激，但是对于孩子病理性的啼哭，父母还是要尽早带孩子去医院接受检查和治疗。毕竟孩子新陈代谢的速度非常快，如果是因为患上疾病身体不适才哭泣，那么疾病发展的速度也会非常快。所以父母要把握好其中的度，既不要草木皆兵，也不要疏忽大意。如今，大多数家庭

婴幼儿行为心理学

里都只有一个孩子，很多父母都把孩子视为手心里的宝贝，所以一定要在教养孩子方面更加慎重，也做出更全面的预案。

很多父母都曾经像晨晨的妈妈一样，在孩子夜里哭泣的时候，不知道是应该留在家里观察，还是当即就把孩子送去医院。医院可不是一个好去的地方，人多，还会有各种传染的危险存在。有的时候父母连夜把孩子送到医院，折腾了一个晚上，又是抽血化验，又是做各种检查，但是最终发现孩子没有任何问题，平安、健康。结果次日，父母都得顶着熊猫眼去上班，孩子也被折腾得够呛。如果淡定地听着孩子的哭声不去医院，父母的心里又会七上八下，不知道孩子是否真的生病了。万一耽误了病情，就像事例中晨晨的妈妈一样，就会陷入对自己的自责懊悔之中。要想避免这种情况出现，父母就要更了解孩子的哭声，也要能够通过孩子的哭声判断出孩子是生理性啼哭，还是病理性啼哭。其实，当对孩子的哭声越来越了解之后，父母就会知道孩子的生理性啼哭和病理性啼哭是截然不同的，也是很容易区分的。

具体来说，孩子的病理性啼哭有哪些明显的特点呢？首先，孩子的病理性啼哭是阵发性的啼哭，因为有一些孩子在生病之后，症状是会有变化的。例如，孩子因为肚子疼而啼哭，那么当肚子不那么疼的时候，他们就会停止哭泣。当然，肚子突然疼得厉害时，他们又会撕心裂肺地哭泣。伴随着阵发性的啼哭，孩子还会有一个非常明显的改变，那就是他们的脸色苍白，会明显地呈现出痛苦的表情。还有一些孩子的病情比

第一章 哭泣，是宝宝降临人世后最先使用的语言

较严重，感到非常痛苦，所以会哭泣很长的时间。就像上述事例中的晨晨，他已经哭了几小时，妈妈怎么哄他，他都不能停止哭泣，这就说明孩子一定是因为身体感到不舒服，才会这样哭的。

因为承受着痛苦，孩子在哭泣的时候还会有焦躁不安的表现，甚至会抓耳挠腮。孩子具体的表现为哭的时候会摇晃着头，或者抓挠自己的耳朵。如果发现孩子在抓挠自己的耳朵，那么妈妈要检查孩子的耳朵里是否发炎了，是否有分泌物。孩子很容易患上急性中耳炎，这会让宝宝非常痛苦，那么爸爸妈妈要第一时间就带着孩子去寻求医生的帮助。也有一些孩子不会抓挠耳朵，但是他们会流口水。虽然大多数孩子都会流口水，但是他们流口水的情况却更加严重。如果孩子一吃东西就开始哭闹，那么妈妈基本就可以判断孩子的口腔出了问题，例如有疱疹或者是溃疡，那么在吃东西的时候就会感到非常疼痛，这也会使孩子哭泣，而且会流出更多的口水。

如果宝宝一直在哭泣，而且哭声越来越急促，妈妈要注意观察宝宝的脸色。有些宝宝在哭泣的时候会伴随口唇发紫的情况，而且他们喘气会感觉非常费力，甚至还会有很沉重的呼吸音。有一些孩子在出现这些症状的时候，体温也会升高。当孩子发生这样的情况时，很有可能他们患上了肺炎，那么父母要第一时间就带着宝宝去医院就诊，从而让宝宝得到及时的救治。因为对于宝宝稚嫩的生命而言，肺炎还是很具有危险性的。

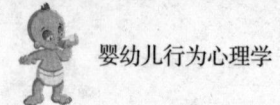

宝宝要想健康快乐地成长，离不开父母无微不至的关注和照顾。作为父母，既然生养了孩子，就要对孩子要承担起一份责任。父母要多多关注孩子，也要给予孩子更全面周到的护理。养育孩子从来不是一件容易的事情，所以，父母不要抱怨养育孩子需要付出大量的时间和精力，也不要抱怨养育孩子总是提心吊胆，因为这是作为父母应该承担起的责任。

边哭边寻找，不是饿了就是渴了

宝宝的哭声含义丰富，这是因为宝宝唯一掌握的语言就是哭泣。宝宝高兴了会哭，伤心了会哭，烦躁了会哭，饿了会哭，饱了会哭，渴了会哭，尿了也会哭，拉便便了更是会号啕大哭。面对宝宝这么丰富的哭声，妈妈往往会被弄得不知所措，因为宝宝的哭声里含有太多的需求，他们很难判断宝宝到底产生了怎样的需求，才会哭泣。尤其是新手妈妈，还没有掌握喂养宝宝的规律，所以常常会在宝宝饿了的时候给宝宝喝水，在宝宝渴了的时候给宝宝喝奶，在宝宝想要尿尿而哭泣的时候，又认为宝宝是烦躁了，所以把宝宝抱起来晃来晃去走来走去。实际上，当妈妈不能满足宝宝的需求时，宝宝就会哭得更厉害。要想让宝宝减少哭泣，多多绽放笑容，妈妈就要用心观察宝宝的行为动作，再结合宝宝的哭声，从而确定宝宝哭泣的真正原因。

第一章 哭泣，是宝宝降临人世后最先使用的语言

从出生之后，皮皮一直都是很乖巧的。他在医院里每天吃了睡，睡了吃，回到家里之后每天也过着猪一样的生活，吃喝无忧，所以长得非常快。原本，妈妈还在庆幸皮皮是这样一个省事的孩子呢，没想到出了月子之后，皮皮就变得越来越调皮了，而且经常哭泣。他的哭声毫无缘由，常常把妈妈弄得手足无措，也心情烦躁。

有一天，姥姥来看皮皮。皮皮刚刚睡醒就开始哭起来，他一边哭一边四处寻找，把头扭来扭去，而且还不停地吧嗒着嘴巴。妈妈对姥姥说："看吧，自从满月之后，他就总是这样不停地哭，我也不知道他到底为什么哭，把我哭得烦死了。"姥姥伸出一个手指放在皮皮的嘴边，皮皮马上张开大嘴朝着手指探头过来。姥姥恍然大悟，对妈妈说："他每次哭泣的时候都这样把头扭来扭去，而且还会吧嗒嘴巴吗？"

妈妈想了想，说："基本上都是这样的，就像一只猪一样到处拱。"姥姥生气地对妈妈说："你呀，可真是个粗心的妈妈！孩子这是没有吃饱。"妈妈当即表示否定，说："怎么可能呢？有的时候我刚刚喂完他吃过奶才过去个把小时，他就这样哭了起来。"姥姥问了问妈妈奶量的情况，对妈妈说："你的奶水比较少，孩子现在出了月子，吃得越来越多，肯定是因为你现在的奶不够他吃的了。实在不行就混合喂养吧。每次他哭的时候，你可以用一个手指碰碰他的嘴唇。如果他对着你的手指张开大嘴，那就说明他饿了，不管你是否刚刚给他喂完奶。如果你的奶水很少，他即使刚刚吃完奶，也有可能还饿

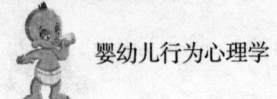 婴幼儿行为心理学

着呢!"

听到姥姥分析得非常有道理,妈妈这才思忖着说:"难道他最近都是因为饿了才哭的吗?他的确体重增长得不够。上次去体检的时候,医生还说他偏瘦呢!在刚刚满月的时候,他的体重是偏重的。"姥姥说:"这还有什么可怀疑的呢?只是用手指去探探嘴,看他的嘴是不是冲着手指张开,就知道他肯定是饿了。真是委屈这孩子了,小小年纪就挨饿,这几天肯定都没有吃饱,一定饿坏了。他晚上睡觉的情况怎么样?"妈妈说:"他晚上睡觉也经常醒来。我听别人说,满月之后孩子一夜只会醒两三次,但是他一夜要醒来五六次。"姥姥更加确凿地说:"这个孩子就是饿的,你以后白天要给他加几顿奶粉,晚上睡觉之前也可以给他喝一顿奶粉。等他吃饱了,你看看他能不能睡大觉。"说着,姥姥就去冲了半瓶奶给皮皮喝。皮皮咕咚咕咚喝了个痛快,刚把奶喝完就呼呼大睡起来,这一觉睡了三小时。看到皮皮睡了这么长时间,妈妈惊讶地说:"这可真是破天荒啊!平时最多也就睡两小时。"姥姥对妈妈说:"看看吧,孩子被你饿着了。今天晚上睡觉之前,你再给他泡半瓶奶,他夜里就不会醒得那么频繁了。"

妈妈接受了姥姥的建议,从此之后,采取混合喂养的方式,皮皮果然体重快速增长,长得越来越快,而且白天和晚上的睡眠状态都更好了,经常能睡三四小时。妈妈终于读懂了皮皮饥饿的语言,但是妈妈忘记了孩子在渴的时候也会啼哭,并且舔嘴唇。

第一章 哭泣,是宝宝降临人世后最先使用的语言

有一天午后,皮皮正睡着午觉呢,突然哭着醒过来。他一边哭,一边扭头四处扭头,并且不停地砸吧嘴巴。看到皮皮这样的表现,妈妈当即胸有成竹地想:"皮皮怎么又饿了,睡觉之前刚刚喝了一大瓶奶呀!"这么想着,妈妈又冲了一瓶奶给皮皮,但是皮皮含着奶嘴尝到是奶,马上就把奶嘴吐出来。看到皮皮这样的表现,妈妈迷惑了:"孩子为什么不愿意吃奶了呢?如果不饿,他为什么会这样啼哭呢?"

皮皮的哭声一声接着一声,妈妈不由得慌了神,赶紧给姥姥打电话。姥姥听到妈妈的描述,提醒妈妈:"孩子现在吃奶粉了,是应该要给他喝水的。他会不会是渴了呢?"妈妈恍然大悟,赶紧准备了一奶瓶温水给皮皮,皮皮咕咚咕咚地喝了很多,马上又呼呼大睡。妈妈打电话把这个情况告诉了姥姥,姥姥说:"哎呀,你可真是个粗心的妈妈。孩子吃奶粉了是会感到渴的,不像吃母乳的孩子,母乳里大部分都是水,所以不用喝水也没关系。吃奶粉的孩子一定要给他补充水分,这下知道了吧?"妈妈不好意思地说:"是的,这下子我可明白了,孩子是要喝水的。"

孩子在哭泣的时候边扭头边寻找,并且咂吧嘴唇或者是舔嘴唇,这说明孩子或者是饿了想要吃奶,或者是渴了想要喝水。尤其是对于混合喂养或者是单纯奶粉喂养的妈妈而言,就更要关注孩子是否口渴,这是因为奶粉中水的含量比较少,不像母乳中的大部分成分都是水,所以孩子是需要及时补充水分的。

妈妈要想把孩子各种各样的哭声都弄明白可不容易。孩子的哭声基本上都是在表达需求，妈妈要读懂孩子的哭声，才能及时满足孩子的需求。除此之外，要想了解孩子不同的哭声，妈妈还应该观察孩子的肢体动作。例如在饿了或者渴了的时候，孩子的肢体动作就具有代表性。

很多妈妈误以为宝宝在100天之内是没有行动能力的，只能用哭声来表达自己的需求，实际上人的大脑和肢体是联系密切的。很多孩子在一出生就会吮吸妈妈的乳头，这是因为吮吸是他们的本能，也是他们的一种肢体动作，可以表达他们想要吃奶的需求。所以妈妈不但要倾听孩子的哭声，也要观察孩子的肢体动作，这样才能判断出孩子产生了哪一种需求，并且及时满足孩子的需求。当然，虽然母乳中含有大量的水分，妈妈们认为，吃母乳的孩子不需要单独补水。但是，如果天气炎热的话，孩子的体内会消耗很多的水分，也有可能是需要喝水的。所以妈妈还需要适度地给孩子补充水分，尤其是当孩子表现出明显的口渴的动作时，妈妈就更应该及时给宝宝喂水，这样至少能够让孩子停止哭泣。

孩子正处于新陈代谢旺盛的成长时期，他们体内的分泌和代谢都是非常旺盛的，因而妈妈在抚养孩子的过程中，要注重满足孩子的生理需求。有一些妈妈会给孩子喝纯净水，认为这样对孩子来说是更安全的，实际上这样的想法是错误的。因为纯净水在经过细致加工之后，虽然不含细菌和病毒，但是也不含矿物质。孩子不能生活在真空的环境中，妈妈应该给孩子

喝普通的白开水,这样孩子在喝水的过程中就能摄入很多矿物质,也有助于孩子的健康成长。

分离焦虑的表现之一:啼哭

不仅婴儿喜欢啼哭,在幼儿阶段,孩子也依然很倾向用哭声来表达自己的需求和情绪。孩子在三岁前后就该进入幼儿园了,那么对于妈妈来说,在全心全意地照顾孩子三年之后,也是期盼着孩子能够早早地进入幼儿园,融入集体生活的。但是,在进入幼儿园的最初阶段,孩子会经历一个很难熬的时期。因为突然离开了妈妈的身边,进入到一个陌生的环境,所以一些孩子会撕心裂肺地啼哭。对于妈妈来说,虽然她们一直盼望着孩子能够进入幼儿园,给她们更多的个人时间和空间。但是当身后传来孩子尖锐的哭声时,妈妈也忍不住泪如雨下,甚至有些妈妈因为不忍心看到孩子哭泣,还会想要放弃送孩子去幼儿园。

那么,孩子在进入幼儿园的时候,为什么会哭呢?除了因为离开爸爸妈妈的身边,进入到陌生的环境之中开始新的学习生活之外,孩子在与父母分离的时候还会产生焦虑情绪。毕竟对于孩子而言,他们也许从出生就在妈妈身边成长,这是他们第一次进入幼儿园,也是他们第一次离开妈妈,所以他们内心的焦虑是可以理解的。

对于孩子而言，幼儿园是一个陌生的环境，老师和同学都是陌生的人。孩子原本在爸爸妈妈无微不至的照顾下成长，现在却要依靠自己在新的环境中生存，因而这对孩子是一个很大的挑战。面对孩子进入幼儿园产生的焦虑和哭泣，爸爸妈妈要坦然面对，也要想办法帮助宝宝度过分离焦虑期，这样才能让宝宝顺利地迈入人生的新阶段。

有人把宝宝进入幼儿园的分离焦虑期称为精神断乳期，这样的说法是非常贴切的。孩子在一岁前后会戒掉母乳，那么在进入幼儿园的时候，孩子就像在精神上戒掉对爸爸妈妈的依赖，所以对于孩子而言，这是一个心灵的蜕变，也是成长过程中质的飞跃。

自从有了甜甜，妈妈就辞掉工作，全职在家照顾甜甜。这是因为妈妈觉得把甜甜交给老人带养，老人不能给予甜甜很好的照顾，也不利于帮助甜甜形成良好的生活习惯，所以妈妈宁愿牺牲自己的职业生涯，先在家照顾甜甜。她计划等到甜甜上幼儿园之后，她再重回职场。

转眼之间，妈妈从怀孕到甜甜两岁，已经度过了三年的全职时光。妈妈认为自己是时候该重返职场了。妈妈决定在甜甜两岁半的时候就把甜甜送到幼儿园托班，这样一则可以让甜甜早早地适应幼儿园生活，二则也可以让自己早一年回归职场，为自己的职业生涯发展打下良好的基础。这么想着，妈妈为甜甜找到了一家很不错的幼儿园。

假期里，这家幼儿园开展了幼儿入园适应课程，也就是

第一章 哭泣，是宝宝降临人世后最先使用的语言

先让爸爸妈妈陪着孩子进入幼儿园，然后再让孩子独立去幼儿园。在一个月的时间里，循序渐进地让孩子适应幼儿园。妈妈之所以选择这家幼儿园，也正是因为有这样的课程。她觉得这个幼儿园是非常人性化的，能够考虑到孩子的情绪和感受，也一定能够更好地教育和照顾孩子。原本，妈妈以为有了这样的适应过程，甜甜会更容易地适应幼儿园生活，却没想到在最初两天，甜甜和妈妈一起上幼儿园的时候还是非常开心的，但是等到第三天需要她独立入幼儿园两个小时的时候，她却哭得撕心裂肺。看到妈妈要走了，甜甜和妈妈挥手告别，但是却忍不住要扑向妈妈的怀里，不愿意让老师抱她。妈妈看到甜甜哭得这么伤心，也忍不住流下泪来，毕竟她已经和甜甜朝夕相处了两年多，也离不开甜甜了。想到这里，妈妈甚至产生了动摇：要不，我就在家里再多带甜甜一年吧，让甜甜等到三岁半再上幼儿园。看到妈妈犹豫不决的样子，老师对妈妈说："你赶快走，孩子就不会再哭了。如果你一直站在这里，孩子就一直会哭。"妈妈赶紧躲到甜甜看不到的地方，却依然听到甜甜的哭声。她无数次想要去教室里把甜甜带出来，但是她知道自己不能这么做。终于，难熬的两个小时过去了，妈妈在接甜甜的时候发现甜甜还挺开心的，并没有哭泣。但是在看到妈妈的那一瞬间，甜甜的眼眶红了，小嘴巴撇着，妈妈知道甜甜一定非常委屈。接到甜甜，妈妈把甜甜抱在怀里，问甜甜："甜甜，今天跟老师相处开心吗？有没有跟小朋友一起玩？"甜甜说："妈妈，我不想上幼儿园，明天我不来幼儿园了。"妈妈耐心

地给甜甜讲道理，让甜甜坚持上幼儿园，但是甜甜却很抵触。

次日，甜甜从出家门的时候就开始哭，这让妈妈毫无抵抗力，她忍不住给老师打电话为甜甜请假，老师对妈妈说："甜甜妈妈，我不知道您到底为什么请假。如果真是有必要的原因，我当然会批准您请假。但如果你只是舍不得看孩子哭，我建议您还是要把孩子送来，否则孩子前面就白哭了。每个孩子上幼儿园都要经历这个阶段。其实对于父母来说，这个阶段也是很难熬的。我希望您能勇敢一些，和孩子一起度过这个阶段。"

在老师的鼓励下，妈妈硬起心肠把甜甜送到幼儿园，并且再三向甜甜保证，只要两个小时，她就会来接甜甜回家。出乎妈妈的意料，因为有了头一天的经历，甜甜知道妈妈一定会来幼儿园接她回家，所以只哭了一会儿就不哭了。这让妈妈的心里好过了一些。经过了半个多月，甜甜终于可以做到开开心心地上幼儿园了，妈妈也如释重负，开始为重返职场制订计划。

每年幼儿园的开学季，幼儿园门外都会上演奇怪的一幕：很多的父母和长辈都在幼儿园门口不停地张望着，似乎恨不得把自己变成长颈鹿，能够把头伸到幼儿园里看看孩子的情况。实际上，不仅幼儿在上幼儿园的时候会经历分离焦虑期，父母，尤其是负责照顾孩子的人，在孩子上幼儿园的初期，也会承受分离焦虑。这是因为照顾者已经习惯了每天和孩子朝夕相处，而孩子也已经习惯了依赖照顾者，所以他们彼此都不能分离。在分离的情况下，难免会有很剧烈的情绪反应。

作为父母,要知道,孩子之所以哭泣,是因为处于分离焦虑期。为了帮助孩子更好地度过分离焦虑期,不管是爸爸还是妈妈,负责全职带养孩子的监护人都要注意一点,那就是要让孩子适应分离。在孩子上幼儿园之前,爸爸妈妈最好不要每天都和孩子黏在一起,而是要让孩子知道爸爸妈妈有自己的事情要做,在该回家的时候就会回家来陪伴他。如果爸爸或者妈妈是全职照顾孩子的,那么在进入幼儿园之前几个月,爸爸妈妈就可以有意识地培养和锻炼孩子的能力。例如,可以找人代为照顾孩子一段时间,这个时间应该是由短到长,循序渐进的。先是半小时,再到一小时,再到两小时,再到半天,这样一来孩子就会知道爸爸妈妈会信守承诺接他回家,就会从一开始的排斥和抵触分离到渐渐地接受分离。

当然,不要觉得分离焦虑期只是针对孩子而言的。其实对于父母来说,分离焦虑期是更难熬的,这是因为父母既舍不得孩子,又不能忍受孩子号啕大哭。正是因为如此,在孩子第一天去幼儿园的时候,常常会出现孩子在幼儿园里哭,爸爸妈妈在幼儿园外面哭的情况。有些爸爸妈妈不忍心听到孩子哭,还突然改变主意,把孩子带回家。其实,不仅孩子在进入陌生的环境,与陌生人相处的时候会有分离焦虑的表现,即使作为成人,在这样的情况下也会有分离焦虑的表现。那么具体来说,爸爸妈妈应该怎么做才能让宝宝适应幼儿园的生活呢?

除了前文所说的可以提前做好分离的准备,让孩子循序渐进地接受和父母分离更长的时间之外,还应该做好进入幼儿园之前的准备。如果孩子在幼儿园里生活得很好，能够自己照顾自己，那么他们就会更喜爱幼儿园。反之，如果孩子在幼儿园里生活得很不快乐，无法做到自己照顾自己，那么他们就会为此而感到焦虑，甚至会抵触和排斥幼儿园。具体来说，父母在孩子进幼儿园之前，要教会孩子学会自理，让孩子自己穿衣服、吃饭、如厕，这些生活方面的基本能力都能够提升孩子对于幼儿园的良好感受。

爸爸妈妈也要帮助孩子在心理上做好进入幼儿园的准备。有一些爸爸妈妈和孩子说话的时候不假思索，他们会在孩子调皮捣蛋的时候警告孩子："你再不听话，我就把你送去幼儿园！"当父母这么说的时候，孩子就会意识到幼儿园是一个很可怕的地方。父母如果能够改变一种说法，告诉孩子："只有听话懂事的小朋友，才能去幼儿园里和其他小朋友一起玩，也才能得到老师的喜欢。"这样一来，孩子就会意识到幼儿园是一个值得憧憬和期待的地方，他们就会更愿意去幼儿园。当孩子在建立归属感，认为自己应该在幼儿园里学习和生活时，他们就不会再排斥幼儿园，而是会把自己当成幼儿园的小主人，发自内心地热爱幼儿园。

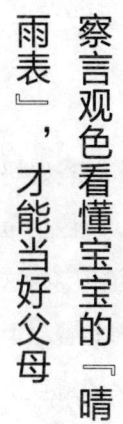

第二章 察言观色看懂宝宝的『晴雨表』，才能当好父母

爸爸妈妈只听懂宝宝的哭声还是不够的，随着不断成长，哭泣不再是宝宝唯一的语言，宝宝的面部表情也会变得越来越丰富，所以爸爸妈妈要学会察言观色，看懂宝宝表情的晴雨表，这样才能结合宝宝在其他方面的表现，了解宝宝真正的心思。很多宝宝都会通过面部表情向爸爸妈妈传情达意，尤其是那些还不会说话的宝宝，他们就更会侧重于使用面部表情来表达自己的心思。因此，对于爸爸妈妈而言，读懂宝宝的面部表情非常重要，这是爸爸妈妈与宝宝之间沟通的一个重要方式。

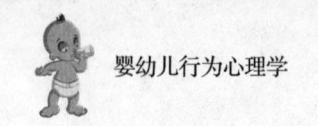

宝宝就像金鱼吐泡泡

很多爸爸妈妈都会发现，在三四个月的时候，宝宝会开始吐气泡，就像金鱼一样。他们非常热衷于吐泡泡，很多新手妈妈不知道宝宝的这种行为是什么意思，还以为宝宝身体出现了异常，为此着急上火。其实，只要多多了解宝宝的行为语言，妈妈就会知道宝宝吐气泡并非生病，也有可能是他们快要长牙了。有一些宝宝在长牙的时候牙床非常痒，所以会采取吐气泡的方式来让自己缓解牙床的痛痒。还有的宝宝只是因为觉得无聊，所以突然发现了这种好玩的方式，就以此来消磨时间。当然，也有的宝宝之所以吐气泡，是因为他们已经不满足于吃母乳或者奶粉了。他们想要吃更多美味的食物，摄取更加充足的营养，那么如何解读宝宝吐泡泡这种行为呢？妈妈要根据宝宝的具体表现和成长阶段来决定，从而及时地满足宝宝的需求。

通常情况下，宝宝吐气泡这个动作具有不同的含义。如何解读宝宝的这个动作要根据宝宝的成长，以及宝宝的身体状况来进行判断。如果宝宝在100天之内因为发烧而出现精神萎靡不振，不愿意吃奶，并且口吐白沫这种表现，那么妈妈就要引起足够的警惕，这往往意味着宝宝患上了肺炎，所以才会身体不适。妈妈要及时把宝宝送去医院，这样才能让宝宝在第一时间就得到有效治疗。

如果宝宝虽然吐气泡,但是他们的精神状态一切正常,不仅胃口很好,而且还玩性大发,那么面对这样的宝宝,妈妈无须过分担心,因为这意味着吐气泡是宝宝正常的生理现象,他只是在用这种方式提醒妈妈他已经长大了,除了要吃奶之外,还应该再吃更多的食物。为什么会这么说呢?这是因为宝宝的口腔很浅,如果他们的嘴巴里含有过多的液体,那么就会出现吐泡泡的情况。这意味着宝宝很快就会开始流口水,妈妈应该为宝宝准备口水巾,避免宝宝的皮肤被口水伤害,也要及时为宝宝添加辅食,满足宝宝对于营养的全面需求,这样才能促进宝宝健康地成长。

还有的宝宝喜欢一边玩舌头一边吐泡泡。在这种情况下,爸爸妈妈可以断定,宝宝其实是在自娱自乐。宝宝的好奇心是非常强的,那么当他们发现吐泡泡这种有趣的事情之后,就会玩得乐此不疲。爸爸妈妈不应该打扰孩子,而是应该静静地观察孩子,看到孩子从吐泡泡这种举动之中获得快乐,爸爸妈妈应该感到欣慰。

总而言之,宝宝在成长的过程中会出现很多异常的行为举止,爸爸妈妈不要对此感到过分担忧,也不要很武断地断定孩子是身体不适。孩子不管有哪一种表现,爸爸妈妈都要观察孩子全面的表现,也结合孩子具体的成长情况来进行判断,这样才能知道宝宝的哪些行为是正常的生理现象,哪些行为是异常的心理现象,从而找出合理的方式来帮助宝宝解决问题,这是非常重要的。

公园里，几个有孩子的妈妈常常聚在一起，抱着孩子们在一块儿聊聊天，交流交流育儿经，这就是她们的日常。在此过程中，还可以让孩子多晒太阳多补钙。

有一天上午，大家又和往常一样聚集在公园里的树荫下。这个时候，潇潇妈妈突然说："我家潇潇长牙了。"潇潇才四个月，听说潇潇长牙了，甜甜妈妈很着急，说："我家甜甜已经四个半月了，怎么还没长牙呢？"说着，妈妈忍不住观察起甜甜的牙床。这不观察还不知道，一观察吓了一跳，甜甜有两颗牙已经长了一半儿了。妈妈忍不住惊呼起来："天哪，我真是一个粗心的妈妈，甜甜的牙齿都已经长了一半儿了，我却没有发现。"其他妈妈听到妈妈的话都哈哈大笑起来，说："你这个妈妈心可真大呀，我们都盼着孩子长牙，你可倒好，孩子的牙都长得这么大了，你还不知道！"

妈妈忍不住笑起来，说："难怪我发现前段时间甜甜总是吐泡泡呢，就像小金鱼那样不停地往外吐泡泡，我还说这孩子怎么跟金鱼一样。"听到甜甜妈妈的话，潇潇妈妈恍然大悟："甜甜妈妈，难道孩子长牙就会吐泡泡吗？"甜甜妈妈点点头，说："是呀，孩子长牙了，牙床又疼又痒，口水变多了，所以就会吐泡泡。"潇潇妈妈说："怪不得这几天潇潇也总是吐泡泡呢！我看到她的下巴都被口水泡红了，就给她准备了一个口水巾。"其他妈妈也都由此而得到启发，说："原来，孩子长牙还会吐泡泡啊！"

这个时候，豆豆妈妈说："我家豆豆已经六个月啦，长了四颗牙,那他为什么也吐泡泡呢?他吐泡泡难道是因为要长牙吗?"甜甜妈妈想了想说:"豆豆吐泡泡应该不是因为长牙,而是他需要增加辅食了。你们家增加辅食了吗?"豆豆妈妈摇摇头,说:"我们家一直在喝奶粉,都觉得不用增加辅食。"甜甜妈妈说;"那可不行。孩子其实在四个月前后就应该添加辅食了,你家豆豆已经六个月了,奶粉的营养已经不能够满足他的需求,而且他也想吃到更丰富的食材了,所以你要给他添加辅食了。"豆豆妈妈问甜甜妈妈:"那么,添加辅食要加什么东西呢?"甜甜妈妈说:"可以吃鸡蛋黄,也可以喝果汁、蔬菜汁。总而言之,要遵循从一种到多种、从稀到稠、从少到多的原则,要让孩子有一个适应的过程。虽然六个月的孩子已经可以吃很多辅食,但是因为你们不是从四个月开始添加辅食的,所以也要遵循这个循序渐进的原则。"豆豆妈妈叹息道:"我早就说要给孩子吃鸡蛋黄,她爸爸死活也不同意,说多给孩子喝奶粉,对孩子的生长发育好。这下子孩子自己都提意见了,不停地吐泡泡,我要以此来说服爸爸,让他同意给孩子添加辅食。"

妈妈们在一起交流育儿经其实是有好处的,这是因为大家都不知道应该怎样才能更好地照顾孩子,那么在一起交流经验,交换各种意见,就可以起到三个臭皮匠赛过诸葛亮的效果,总有妈妈能够给其他妈妈出主意,也总有妈妈比较细心,观察到孩子的成长,也会和其他妈妈分享。

很多粗心的妈妈都没有发现孩子会有吐泡泡的行为,或者

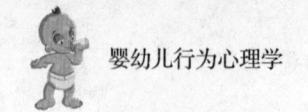

即使看到孩子在吐泡泡，也对此不以为然。孩子在成长过程中会有各种各样的表现，妈妈一定要细心地捕捉，尤其是当发现孩子有异常表现的时候，更是要给予孩子更多的关注，也要结合孩子的实际情况来做出正确的推断和应对，这对于促进孩子的成长是非常有好处的。

孩子吐泡泡虽然有可能是因为患上了肺炎，但是并不意味着一定是因为患上了肺炎。肺炎是一种很严重的疾病，对孩子的危害性很大。如果孩子真的患了肺炎，那么就会出现各种症状，身体也会感到疲惫乏力，精神也会萎靡不振。所以发现孩子吐泡泡的时候，妈妈先不要急于判定孩子是否患了肺炎，而是要观察孩子的其他表现，如果孩子一切正常，那么就要考虑孩子是否要长牙了，或者是否需要增加辅食，而不要自己吓自己，认为孩子患上了肺炎。当然，如果孩子有身体不适等一系列症状，那么爸爸妈妈切勿轻视，而是要当即带着孩子去医院，让孩子接受医生的诊断和治疗，这样才能让孩子健康成长。

脸色涨得通红，原来是要拉臭臭

对于很多年轻的妈妈来说，满足孩子吃喝的需求已经很力不从心，再加上负责孩子的大小便，清洁孩子的卫生，就会更加疲惫。尤其是在孩子大便出现异常的时候，一不小心就会

拉得到处都是，这会让妈妈感到特别抓狂。如何才能把这些大便清理干净呢？对于妈妈来说，这可是一个浩大的工程。年轻的妈妈总是手忙脚乱地给孩子擦屁股、洗屁股、换洗裤子，有的时候大便弄到了地上，妈妈还要拖地。往往妈妈这里还没有忙完，孩子那边又出现了新状况，发出了新的信号，或者要吃奶，或者要喝水，或者又小便了，这会让妈妈感到手忙脚乱，不知道自己应该做什么事情。尤其是当妈妈独立负责照顾孩子的时候，就会因此而感到非常为难。

其实，如果妈妈能够仔细观察孩子，读懂孩子的面部表情，那么，就会发现孩子在拉便便之前是会提前发出信号的。具体来说，孩子的面部会有这样的变化。例如孩子突然红脸横眉，或者是表情很呆滞，甚至会发出"嗯嗯"的使劲的声音。当孩子有这些表现的时候，妈妈就要知道孩子是想大便了。但是如果妈妈不能读懂孩子的这些信号，对孩子的信号完全置之不理，那么孩子就会把大便弄得到处都是。在这样的情况下，妈妈就不要责怪孩子不懂事，把到处弄得都脏兮兮的，而是应该反省自己为何不能读懂宝宝的表情语言。如果妈妈能把宝宝的一举一动都看在眼里，并且能够理解宝宝的意思，那么就可以更好地照顾宝宝，也可以减少在照顾宝宝的过程中很多的麻烦。

乐乐刚刚出生的时候每天都会拉好几次大便，幸好现在有非常方便的尿不湿，只要把屁股用湿纸巾擦干净，再扔掉弄脏的尿不湿，就可以把大便清洁干净了。但是乐乐是在冬天出生的，到了五六个月的时候，天气越来越热，一直捂着尿不湿，让乐乐的屁股非常不舒服。在五六个月的时候，乐乐一天只会拉一两次大便，妈妈思来想去，决定用尿布代替尿不湿，这样可以让乐乐的屁股保持干爽。当然，这样一来也会有很多麻烦，那就是乐乐偶尔会把大便拉在床上，或者是弄到尿布以外的地方，这样就必须做更多的清洁工作。幸好有奶奶帮忙，所以妈妈并不觉得很麻烦。

有一段时间，奶奶有事回老家了，只有妈妈独自带着乐乐。有一天，妈妈把乐乐喂饱，让乐乐躺在床上玩，妈妈则躺在床上一侧，难得悠闲安适地看起了手机。正当妈妈兴致勃勃地在手机上看一个娱乐节目的时候，突然闻到了一股味道。妈妈闻着这股熟悉的味道当即坐了起来，这才发现乐乐在床上爬来爬去，居然拉便便了。最糟糕的是，他因为一直在爬动，所以把便便弄得满床都是。而且，乐乐的身上也有很多便便。看到乐乐惹出了这么大的麻烦，妈妈忍不住皱起眉头，面色严肃，训斥乐乐："乐乐，你怎么啦拉臭臭了？而且还拉得到处都是。"乐乐看着妈妈的表情，撇了撇嘴，居然哭了起来。看到乐乐这么委屈的样子，妈妈也不再批评乐乐，赶紧把乐乐清洗干净放在沙发上，让乐乐自己在沙发上玩，然后她就皱着眉头清理床上的大便了。

有了这次教训之后，妈妈决定给乐乐再穿上尿不湿。几天之后，奶奶从老家回来了，看到这么热的天里乐乐居然穿着尿不湿，忍不住责怪妈妈："你可真是一个懒妈妈，这么热的天,让孩子穿着尿不湿,把屁股都捂坏了!"妈妈把乐乐拉臭臭在床上的事情告诉了奶奶,奶奶忍不住笑起来说:"当爹当妈的,不就是要给孩子抓屎抓尿吗?不抓屎抓尿,孩子怎么能长大呢?"妈妈疑惑地问:"但是妈妈,我看你经常能发现乐乐要大便,给乐乐把大便,把乐乐转移到安全的地方,不会让大便弄得到处都是。为何我就看不出来他要大便呢?"

奶奶告诉妈妈:"你要观察孩子的表情呀!你只盯着手机看,怎么知道孩子要大便呢?孩子要大便的时候,脸色会涨得很红,而且眉毛也会很用力。这就意味着他们正在酝酿力气,想把大便拉出来。你只要及时给孩子把大便,孩子就不会把大便拉到床上。如果你经常在孩子要大便的时候把他们,还有助于训练孩子的如厕能力呢!"听到奶奶的话,妈妈不由得羞愧地低下头,她承认自己一直在专注地看手机,而忽视了观察乐乐。

很多年轻的妈妈都有与孩子的屎尿打交道的经历。如果妈妈能够观察孩子的各种表情,也捕捉到孩子要拉大便的信号,在孩子要拉大便的时候就把孩子放在便盆上,那么孩子早早地就能够学会独立如厕。所以,孩子在很多方面的表现其实与爸爸妈妈都是密切相关的。只掌握一些育儿的理论知识是远远不够的,还要静下心来观察和陪伴孩子,这样才能更了解孩子。

孩子在半岁就不会再每天都只知道吃喝拉撒了,他们渐渐地形成了一定的意识,也有了一定的认知。在有便意的时候,他们会发出各种信号,提醒妈妈及时帮助他们。很多孩子在拉大便的时候会脸色涨得通红，明显表现出有内急，而有的孩子则会表情呆滞，目光盯着某一个地方，这是他们集中注意力的表现。还有的孩子会发出"嗯嗯"的声音，总而言之，不同的孩子在想拉大便的时候表现也是不同的，妈妈既要以这些表现作为指导观察孩子，也应该结合孩子自身的情况，发现孩子独特的举动，这样才能准确地捕捉到孩子拉便便的信号。

如果妈妈很容易就能捕捉到孩子拉大便的信号，那么就可以对孩子展开如厕训练。例如，当孩子想拉大便的时候，扶着孩子坐在小小的便盆上等，这样重复的次数多了，孩子就会形成意识，知道便盆是他们拉大便的工具。那么等到他自己能爬行或者会走动的时候，他们甚至会主动去便盆那里拉大便，这样妈妈清理孩子的大便就会变得更加容易。

其实，妈妈关心孩子的大便不仅仅应该为了干净卫生，还应该观察孩子大便的颜色与形状。对于孩子而言，他们的大便是非常重要的。正常孩子的大便就像香蕉一样是黄色的，非常柔软，那么如果孩子的大便呈现出黄绿色，妈妈就要考虑到孩子是否受到了惊吓，如果孩子的大便是其他颜色的，例如大便是红色的，那么妈妈要想到孩子是否吃了火龙果等红色的食物，所以导致大便发红，还是因为吃了其他墨绿色的蔬菜，所以导致大便呈现出墨绿色。一定要明确孩子大便变色的原因，这样才是对孩子健康负责的表现。有一些孩子因为吃坏了肚子使大便非常稀薄，还有一些孩子因为没有摄入足够的膳食纤维，所以大便会特别干燥。总而言之，不管是干燥还是稀薄，不管大便是什么颜色,妈妈都要通过观察大便来了解孩子的身体状况,从而保证孩子的健康。小小的大便中可是有着大大的学问,所以妈妈不要再为孩子的大便而烦恼了,而是要把大便作为一个指标,用来观察和判断孩子的成长表现。

宝宝的委屈,要融化父母的心

帅帅出生之后,妈妈和奶奶一起带帅帅。但是随着帅帅的成长,妈妈和奶奶之间产生了一些矛盾,这是因为妈妈希望帅帅能够多吃苦,多接受锻炼,才能够更健康茁壮。而奶奶却总是担心帅帅渴了饿了、冷了热了,所以对帅帅照顾得无微不至。例如,在冬天下雪的时候,妈妈想带着帅帅一起出去接受冷空气浴,让帅帅增强抵抗力,提升耐寒性,但是奶奶却对此坚决反对。她说:"这么冷的天,带孩子出去一定会把孩子冻感冒,这不但会让孩子痛苦,大人也会因此而有很多麻烦。"即使不得不出门,奶奶也会给帅帅穿好几层厚厚的衣服,裹得严严实实。

有一次,妈妈和奶奶带帅帅在下雪之后出去,回到家里,帅帅非但不冷,反而还捂出了一身汗,让妈妈哭笑不得。因为和奶奶有分歧,所以妈妈也就不愿意带帅帅出门了,省得每次都和奶奶辩论一番。有一天,妈妈抱着帅帅站在窗口看外面的公园,看到公园里有很多孩子在玩耍,帅帅突然嘬起小嘴,表

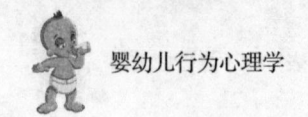

现出一副非常委屈的样子。看到帅帅这个动作，妈妈感到很揪心，她知道每次帅帅做出这个动作之后就会号啕大哭。果不其然，才过去几分钟，帅帅就哭了起来。正在这个时候，爸爸在楼下打来电话说："今天天气特别好，阳光照在身上暖暖的，而且没有风，把帅帅抱出来玩儿一会儿吧。"接到爸爸的电话，妈妈当即就给帅帅穿上了外套，带着帅帅下楼了。正好奶奶出门买菜了，不在家，所以妈妈很有一种小孩子偷偷溜出门来玩的快乐。

让妈妈意外的是，帅帅到了户外之后非但没有继续号啕大哭，反而还破涕为笑了。他的脸上洋溢着快乐的表情，高兴得手舞足蹈，因为有爸爸的陪伴，帅帅还特别兴奋。他和爸爸一起玩着躲猫猫的游戏，爸爸从妈妈的右边冒出来，他就看向右边，爸爸从妈妈的左边冒出来，他就看向左边。帅帅咯咯咯地笑着，眉开眼笑，这让妈妈感到非常快乐。帅帅已经多长时间没有这么无忧无虑地笑过了呢？妈妈不由得陷入了沉思，她决定，不管奶奶怎么反对，她都要每天带着帅帅亲近大自然，感受快乐。

孩子在好好的情况下突然噘起嘴巴，表现出满脸的委屈，往往是因为他们对现状不满意，是因为他们有欲望没有得到满足。通常情况下，孩子吃饱喝足也会想要出去玩，虽然几个月的孩子还不会行走，也不能够自主地去玩，但是他们也想看一看外面的世界。妈妈要细心地观察孩子的表情，当发现孩子表现出满脸委屈的时候，一定要注意孩子的需求。很多孩子都会

撇嘴表现得很委屈，甚至在妈妈没有来得及反应的时候就哇哇大哭起来。那么，妈妈在看到宝宝撇嘴的时候，就要知道宝宝是要开始啼哭了。如果妈妈能够在孩子哭泣之前就满足孩子的需求，那么宝宝就会转忧为喜。即使宝宝已经开始号啕大哭，也会破涕为笑。

在这个事例里，妈妈发现帅帅撇嘴之后想要哭泣，又发现帅帅在到了户外之后变得非常开心，那么很容易就能够想到，帅帅之所以撇起嘴巴非常委屈，就是因为他想出去玩却不能出去玩。其实，孩子并没有父母想象的那么娇弱。尤其是很多老人带孩子时往往担心孩子会受凉感冒，实际上孩子的体质在坚持锻炼的情况下会越来越强壮。反之，如果把孩子当成温室里的花朵，总是把孩子关在温室里，那么孩子的体质就会越来越差。

很多家庭都是由年轻人和老人一起带养孩子的，两辈人在养育的观念上往往会有分歧，年轻人虽然不能凡事都与老人对抗，但是也不能处处都听老人的。毕竟老人的很多教育观念都已经陈旧落后了，年轻人则要学会很多新的育儿观念，也给予孩子更好的照顾。

孩子把小嘴噘起来或者是撇起来都只是一个很微小的动作，父母要非常用心才能观察到孩子的这个动作。这是孩子的一个微表情，他们在通过这样的表情告诉妈妈"我有愿望需要满足"。遗憾的是，很多父母都非常粗心，没有发现孩子撇嘴这个小小的动作。或者即使发现了孩子的这个动作。也不知道

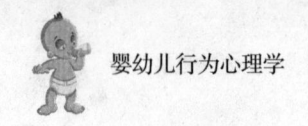

孩子想通过这个动作表达什么。

父母都要更加细心一些，不要当宝宝在撇嘴之后哭起来，也还不知道宝宝为什么哭。爸爸妈妈也要知道宝宝有什么愿望想要满足。有一点是可以明确的，那就是宝宝不会平白无故地撇起小嘴，他在撇嘴的时候一定是有想要满足的愿望，或者想得到某种东西。

如果妈妈知道宝宝撇嘴的秘密，能够读懂宝宝的心意，就可以在第一时间满足宝宝的需求，这会使宝宝感到心满意足，只会开心地笑，又怎么会哭呢？

当然，不要无限度地满足宝宝的需求。我们所说的要满足宝宝的需求是指在默认宝宝的需求是合理的情况下。如果宝宝随着不断成长，产生很多不合理的需求，如宝宝想玩一件危险的玩具，或者想做一件不合理的事情，那么我们就要拒绝宝宝。我们要让宝宝知道，并非所有的愿望都会得到满足，而必须在规矩的范围内才能够享受一定的自由。否则，就会养成孩子骄纵任性的坏习惯。

如果孩子坚持要满足自己的需求或者欲望，妈妈又不认为自己应该拒绝孩子，那么就可以帮助孩子转移注意力，带着孩子去新的环境，或者给孩子一个比较安全的玩具作为替代，这样孩子就会渐渐地忘记自己的需求，也就不会再因此而哭泣了。

宝宝盯着某处看，原来是好奇心在作祟

每当天气好的时候，妈妈应该带着宝宝出去走一走，玩一玩，让宝宝能够多看看大自然中美丽的风景，也与大自然更加亲近。妈妈这么做当然是为了孩子，希望孩子能够感受到大自然的生机勃勃，然而有很多孩子在出去玩的时候兴高采烈，等到回家的时候却又哭哭啼啼，不停地哭闹，不愿意回家，这是为什么呢？当看到孩子高高兴兴地出门，哭哭啼啼地回家时，妈妈总是感到非常懊悔，觉得自己不应该带宝宝出去玩，也非常生气地责怪宝宝不听话。

其实，妈妈并不是因为宝宝不听话才感到烦恼，而是因为她们不知道宝宝的心里到底在想什么。很多孩子在进入自然的环境中之后，看到那些花草树木都感到新鲜和好奇。他们如果不会走路，就会坐在推车里看着自己感兴趣的东西。这个时候，妈妈往往没有发现孩子正在专注地盯着某个东西看，而是会强行推着孩子离开。有些孩子已经学会走路了，那么他们就会走向自己感兴趣的那个东西。这个时候，妈妈因为担心发生危险，往往会呼喊孩子回到自己的身边，或者是限制孩子走到其他的地方。这同样会让孩子的欲望得不到满足。在这种情况下，孩子除了哭还能做什么呢？妈妈根本不知道自己破坏了宝宝的玩兴，而且还破坏了宝宝的专注力。

小小年纪的孩子就已经形成了专注力，所以妈妈在陪伴孩子玩耍的过程中，要注意孩子的异常举动。当发现孩子正

看着某一个东西的时候。就要意识到孩子对这个东西感到非常好奇,所以不要打断孩子专注的观察,而是可以随机地给孩子讲解一些知识,或者满足孩子想要触摸这个东西的欲望。这样既能够保护孩子的专注力,还能够激发孩子的探索欲,让孩子在对世界的好奇中迈开脚步,去进行更深入的探索。

过了一周岁的生日刚刚三天,乐乐就学会走路了。在周岁生日之前,奶奶一直嘀咕着:乐乐为何还不会走路呢。奶奶非常着急,但是在过了生日三天之后,乐乐就可以稳稳当当地走路了,这让奶奶感到非常高兴。看到乐乐会走路了,妈妈也经常带着乐乐去公园里玩耍,毕竟现在春暖花开,公园里有五颜六色的花朵,还有茂盛的花草树木。在公园里,乐乐还能够捕捉蝴蝶,观察各种小虫子,所以乐乐最喜欢去的地方就是公园了。

周末趁着爸爸休息,妈妈和爸爸一起带着乐乐去公园里玩。这个时候,公园里的花全都开了,各种各样、各种颜色,形成了一片美丽的花海。看到这片花海,虽然乐乐是个男孩,却兴奋得又叫又跳。他最喜欢在草地上打滚,草地那么柔软,上面充满了青草清香的气息,乐乐还喜欢坐在草地上野餐呢!

爸爸妈妈一直跟在乐乐的身后,走在草地上。乐乐在前面快步走着,他仿佛看到了什么东西,突然停了下来,蹲在那里。爸爸妈妈冲着乐乐喊道:"乐乐,加油走呀!是不是累了呢?"妈妈还催促乐乐:"咱们比赛谁能得第一,好不好?"然而,乐乐对爸爸妈妈的话充耳不闻,他依然蹲在地上,撅着屁股伸长脖子,仿佛地面上有什么东西牢牢地吸引住了他的目光。爸爸妈妈都非常好奇,三步并作两步地走到乐乐跟前。原来,乐乐在地上发现了一只蚯蚓,蚯蚓在地上弯弯曲曲地扭动着。乐乐呢,则目不转睛地盯着蚯蚓看。

这个时候,爸爸又想催促乐乐快走,但妈妈制止了。妈妈对乐乐说:"乐乐,这是蚯蚓,它能在泥土里爬来爬去,把泥土弄得很松动,这样泥土里的植物就会长得更好。"爸爸有些好笑,对妈妈说:"乐乐还这么小,他能听懂你的话吗?"妈妈对爸爸说:"不管他听不听得懂,我们都要说。你不能确定他一定能听懂,但你怎么能确定他一定听不懂呢?"这个时候,乐乐突然站起来,指着地上的蚯蚓说:"蚯蚓!"妈妈笑起来对爸爸说:"看吧,他其实还是能听懂的。"

孩子的好奇心是非常强烈的,他们对这个世界还不够了解,所以看到很多事物都会觉得新鲜有趣。父母在培养孩子的过程中,要保护好孩子的好奇心,当发现孩子盯着某一个地方聚精会神地看时,父母不要试图扰乱孩子的心绪,而是要给予孩子更多的帮助,也可以给孩子讲解其中的知识。虽然孩子不能完全听明白父母的话,但是他们多多少少都能吸取一些知识,从而让自己更快乐地成长。

有些父母对孩子缺乏耐心,例如孩子正在行走的时候突然停下来观察路边的一只小鸟,那么父母会拉着孩子继续朝前走

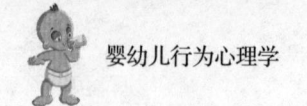

去。其实，走路快或者慢又有什么关系呢？如果孩子能够通过观察小鸟来亲近大自然，培养自己的观察力，那么对孩子来说就是此行最大的收获。

孩子的成长节奏是很慢的，父母要尊重孩子成长的节奏，也要给予孩子一定的时间和空间，去观察和研究他们感兴趣的东西。

孩子盯着某个地方看，实际上也是孩子的一种肢体语言，意味着他们对某一种事物产生了兴趣。所以在和孩子相处的过程中，父母要非常注重观察孩子的表现，不但要观察孩子的面部表情，也要观察孩子的肢体动作。当父母能够通过孩子的眼睛读懂孩子的内心世界，那么就会尊重孩子，也会更加了解孩子。当然，孩子的眼睛表达的情绪是非常丰富的，正如人们常说的，眼睛是心灵的窗口，孩子的眼睛也可以揭示他们的内心。

孩子是非常纯真的，他们不但会把自己的喜怒哀乐写在脸上，而且他们的眼睛会向我们释放出很多复杂微妙的信息。妈妈一定要用心观察孩子的眼睛，这样才能走入孩子内心的世界里。在抚养孩子成长的过程中，也能够因为了解孩子而减少各种问题的产生，更不会因此而过于担忧孩子。

总而言之，孩子的好奇心是孩子成长的动力，那么，当从孩子的眼睛里看到好奇和兴趣的时候，爸爸妈妈就更要给予孩子密切的关注，从而指引孩子健康快乐地成长。

宝宝无精打采、两眼无神时需及时就诊

人们常说眼睛是心灵的窗口，就像上一篇文章中所说的，孩子专心致志地盯着某个东西看的时候，就意味着他们对这个东西非常感兴趣。其实，眼睛不仅是心灵的窗口，还是疾病的窗口。通过观察孩子的眼睛，爸爸妈妈不仅能够知道孩子对某些事情是否感兴趣，了解孩子的需求，而且也能够知道孩子的健康状况。通常情况下，如果孩子身体健康，精神饱满，那么他们的两只眼睛就会像两只小葡萄，亮晶晶的、水盈盈的，充满了生命的活力。如果孩子因为受到疾病的折磨而感到痛苦，他们的眼神就会非常呆滞，而且眼珠的转动也会很不灵活。当发现孩子的眼睛失神的时候，妈妈就要及时带着宝宝去医院接受医生的诊治，这样才能够给予孩子更好的照顾。

当然，孩子无精打采，双目无神，不但说明孩子生病了，也有可能说明孩子身体状态不佳。有些孩子感到非常疲惫，整个人也会蔫头耷脑的。有一些孩子觉得非常困倦，那么他们的眼睛就会没有神采。所以，妈妈只有根据孩子具体的情况来判定孩子无神的眼睛到底代表着什么，才能够给予孩子及时的帮助。

这个周六，爸爸出差了，妈妈要加班，所以家里只有奶奶独自带乐乐，这让妈妈很担心。毕竟奶奶年纪大了，乐乐已经七八个月了，体重比较重，奶奶带了一天肯定会觉得很辛苦。原本，妈妈计划在晚上七点钟到家，却因为工作没有完成，一

直拖延到晚上九点才到家。妈妈才进家门就被奶奶劈头盖脸地一顿数落："你们呀，全都为了工作不管不顾孩子，这都几点了？都已经九点了！说好了七点钟到家，到现在才到家，孩子都哭了几次了。一遍一遍地去门口看你们回没回来，看着就哭了，又看。"说着，奶奶把乐乐塞到妈妈怀里，捶打着自己酸痛的腰。

看到奶奶疲惫的样子，尽管被奶奶数落妈妈也很不悦，但是她并没有说什么。妈妈赶紧抱着乐乐去洗漱，饭都来不及吃，就又开始哄乐乐睡觉。然而，妈妈在给乐乐洗澡的时候，发现乐乐精神很不好。她问奶奶："乐乐今天白天的时候，精神状态怎么样？我看他蔫头耷脑的，是不是生病了？而且眼睛也没有神采。"奶奶没好气地说："哭了这么多遍，能有神采吗？而且平时他八点半就睡觉了，现在都已经九点多了，他那么困倦，眼睛怎么会有神呢？"妈妈没再说什么，而是给乐乐测量了体温。看到乐乐并没有发烧，妈妈这才略微放心下来。

在妈妈的怀抱里，乐乐很快就睡着了。才睡了一会儿，乐乐又哼哼叽叽地开始哭了起来。听着乐乐的哭声，妈妈感到很焦虑，她再次为乐乐测量了体温，看到乐乐的体温正常，她给乐乐喝了一点水，抱着乐乐哄来哄去，好不容易才把乐乐又哄睡着了。

半夜时分，乐乐突然哇啦一声大哭起来，妈妈赶紧起床，把乐乐抱在怀里。乐乐的眼泪簌簌而下，把妈妈胸口的衣服都浸湿了。妈妈这才确定，乐乐一定是感到身体不舒服。她把乐

乐喊醒，乐乐睁开眼睛，很快又把眼睛闭上了，看起来一点精神都没有，迷迷糊糊的，却一直在哼哼叽叽地睡着。妈妈心里很不踏实。

睡了没多会儿，乐乐又醒了，他哭着哭着突然吐出了很多奶。妈妈当即决定去医院。妈妈喊醒奶奶，让奶奶收拾乐乐的东西，和她一起带着乐乐去医院。奶奶不知道乐乐为何会生病，但是也意识到乐乐并不是因为久等妈妈不来才哭的。奶奶赶紧带好乐乐需要用的东西，和妈妈一起带着乐乐去了医院。到了医院里，医生经过化验乐乐的呕吐物和大便，确定乐乐患了急性肠胃炎。果然，医生诊断才不久，正等着输液的时候乐乐就拉出了很多水样的大便，而且颜色也很不正常。妈妈和奶奶手忙脚乱地帮助乐乐擦洗干净，等到医生终于把药水给乐乐挂上之后，妈妈才放下心来。

孩子哭泣的时候，并不会导致两眼无神。他们在哭的时候虽然会情绪波动，但是等到哭闹之后发泄了情绪，很快就会恢复神采。那么如果发现孩子无精打采，两眼无神，爸爸妈妈就应该知道，孩子是因为身体不适才会出现这样的情况。当然，如果在极度困倦的情况下，孩子也会两眼无神，那么这样的情况是可以通过睡眠得到快速好转的。所以经过观察孩子的表现，妈妈很容易判定孩子是因为身体不适，还是因为缺乏睡眠，才会导致双目失神的。

妈妈只会照顾孩子的衣食起居是远远不够的，还要当好半个医生。这是因为孩子的生命非常娇弱，在成长的过程中会出现各种各样的状况，而妈妈是对这些状况进行判断的第一人。很多时候，妈妈都是最先发现孩子身体异样的人。而妈妈要想当好这半个医生，就要注意观察孩子的眼睛。孩子的眼睛不仅能够表现出孩子的健康状态，表现出孩子的情绪状态，还可以表现出孩子的精神状态。

孩子的眼睛里藏着很多秘密。一个优秀的妈妈会通过观察孩子的眼睛来发现孩子很多方面的异常。通常情况下，如果孩子不愿意睁开眼睛，怕光，那么说明孩子患上了眼部疾病，妈妈要及时带着孩子进行治疗；如果孩子的白眼球或者是眼皮红彤彤的，并且眼睛上的分泌物变多，那么说明孩子有可能患上了流行性感冒，或者患上了红眼病。但要注意，这些疾病的最终确诊还要依赖于医生。还有一些孩子原本非常开心，但是在哭过之后，眼睛里却不停地流泪，怎么也擦不干净，而且还出现了呼吸音粗重以及喘息的情况，这可能说明孩子患上了呼吸道感染，或者是患上了鼻炎。也有些孩子会突然频繁地眨巴眼睛，这说明它们的眼睛里有异物，感到很不舒服。为了避免孩子的眼球受到伤害，妈妈第一时间就要带着孩子去医院接受医生的治疗。

既然孩子的眼睛能反映出这么多疾病，那么爸爸妈妈不要等到孩子生病了之后才采取措施，在平日里带养孩子过程中，就要对孩子进行锻炼，例如可以带着孩子接受冷空气浴，让孩子接受不同的温度，也可以和孩子一起坚持户外运动，增强孩子的体质，还可以随着温度的变化，及时给孩子增添衣物，避免孩子感冒。这些都可以保证孩子健康，让孩子产生更强的抵抗力，抵御疾病。总而言之，每个妈妈都希望孩子身体健康，精神抖擞，那么就要在孩子身上更加用心。除了要关心孩子的吃喝拉撒，还要关心孩子的眼睛，也通过孩子的眼睛来洞察孩子更多方面的情况，这样才能全方位地照顾孩子。

宝宝笑着转向妈妈

宝宝从出生在一岁之内生长发育的速度是非常快的，而且他们在行为方面也会有很大的变化，有很大的进步。在九个月之后，宝宝已经能够用微笑表达自己的心情和需求了。例如，当宝宝成功地做了某件事情的时候，他们就会很渴望得到妈妈的认可和表扬。在这种情况下，宝宝的面部表情是非常典型的，他们会先自己笑起来，然后再以笑脸转向妈妈。宝宝在这种情况下向妈妈展露笑容，是因为渴望和妈妈分享他成功的喜悦，也渴望得到妈妈的鼓励。那么当得到宝宝这样的笑容时，妈妈切勿对宝宝无动于衷，而是应该马上就对宝宝做出积极的回应，并且要慷慨地夸赞和表扬宝宝。虽然九个月的孩子还不会用语言来表达自己的内心，但是在得到妈妈的认可和鼓励时，他们会感受到妈妈对他们积极的情绪，也会因此而树立自信。在这样的情况下，他们不断地肯定自己，在各方面的表现都会越来越出色。

每个孩子都本能地渴望得到妈妈的认可和鼓励,偏偏有很多妈妈在教育孩子的过程之中,会对孩子提出过高的要求,也会因为忽略了孩子的进步而没有表扬和认可孩子。当然,如果直接提问,那么每个妈妈肯定都会说自己最希望看到宝宝的笑脸。在九个月之前,虽然宝宝的笑大多数是无意识的,妈妈也会因为看到宝宝的笑容而非常兴奋。在一岁之前,大多数孩子都还不会说话,但是他们的笑容却能够表达丰富的含义。可以说,如果哭是孩子的第一语言,那么笑就是孩子的第二语言。当孩子有意识地微笑,并且用微笑表达自己的内心,那么,这意味着他们的成长进入了一个崭新的阶段。

豆豆十个月了,最近他迷恋上了一种游戏,那就是扔东西。妈妈周末在家休息,为豆豆买了一个摇铃。豆豆把摇铃拿在手里之后,很快就把摇铃扔到了地上,而且他还很高兴地笑着。妈妈把摇铃捡起来还给豆豆,豆豆毫不迟疑地又把摇铃扔掉了,而且这次他把肩胳膊甩得很开,想把摇铃扔得更远。听到摇铃落在地上清脆的声音,豆豆忍不住笑了起来,他一边笑一边看向妈妈。这个时候,妈妈也被豆豆的笑容感染了,她对豆豆说:"豆豆,你可真厉害,把摇铃扔到这么远的地方,你是个棒小伙!"听到妈妈这么说,豆豆笑得更开心了。

这个时候,奶奶在一旁嘀咕着:"孩子把摇铃都快摔坏了,这可是新买的玩具,不要钱的吗?你还表扬他!"妈妈耐心地对奶奶解释:"妈,孩子把摇铃扔到地上,其实是一种学习和成长。他把摇铃扔到地上,听到摇铃落地的声音,这样他

第二章　察言观色看懂宝宝的"晴雨表",才能当好父母

就能够了解摇铃,而且他把摇铃扔了之后,觉得自己完成了一件很伟大的事情。他先笑了笑,又来看我们,这说明他希望与我们分享他的喜悦。摇铃虽然是花钱买来的,但是可没有孩子的成长和快乐更重要呀!如果豆豆在做一件事情之后自己先笑了,又笑着看你,你一定要及时给他鼓励,好不好?"

听到妈妈分析得头头是道,奶奶不好意思地说:"你们这些年轻人现在真的都是教育的专家。我们以前带孩子,每天还要忙着做家务,哪里有时间看到孩子是笑还是没笑呀?"妈妈也笑了起来,说:"妈,那是以前生活条件不好呀。现在生活条件好了,大家都更重视对孩子的教育,如果豆豆对你笑,你千万要记得笑着鼓励他呀。"经过妈妈详细的解释,奶奶接受了妈妈的观念,从此以后不管豆豆做什么事情,只要豆豆对奶奶笑,奶奶也就会微笑着回应豆豆,对豆豆竖起大拇指,还会说一些表扬豆豆的话呢!果然,在奶奶坚持这么做之后,豆豆做起事情来更加卖力了。

很多人都会忽略孩子的笑容,这是因为在养育孩子的过程中,有很多琐碎的事情需要做,也有可能是因为教育者对于孩子并不了解,所以才会出现这样的忽视。在教育孩子的过程中,每个人都要更加重视孩子,也要关注孩子的情绪感受,这样才能给予孩子更好的引导和帮助。每个人都是需要回应的,成人在做事情的时候需要回应,孩子在做事情的时候同样需要回应,所以不管是爸爸还是妈妈带养孩子,抑或是老人带养孩子,都要给予孩子积极的回应,这样才能让孩子的脸上笑容

057

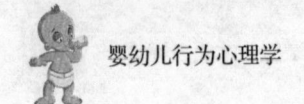

绽放。

　　人们把孩子未满月时的微笑叫作天使之笑。这是因为这个微笑并不是宝宝有意识地做出来的，而是因为他们受到了刺激，所以才会露出机械性的微笑。这样的微笑并不是针对某个人传达出的感情讯号，而是一种自发性微笑。即便如此，妈妈在看到孩子这样的笑容时，也会感到心中非常欣慰，非常欣喜。那么，在陪伴孩子成长的过程中，虽然孩子还不会主动地向妈妈微笑，但是妈妈却应该经常对孩子微笑，因为孩子能够感受到妈妈的情绪，也能够感受到妈妈的快乐。

　　大概要到三个月的时候，宝宝才会真正地微笑，他们因为看到了喜欢的人或者熟悉的事物，就会主动地笑起来。在笑的时候，宝宝的肢体动作也是很大幅度的，他们的手脚会不停地踢腾着，表现出很强烈的兴奋。这个时候的宝宝在看到妈妈的时候会情不自禁地微笑，所以在这个阶段，爸爸妈妈要抽出更多的时间陪伴宝宝成长，也要以笑容来面对宝宝，还要经常对宝宝说一些愉悦的话。很多心理学家经过研究发现，如果孩子非常爱笑，而且笑得很早，那么和那些不喜欢笑并且笑得很晚的宝宝相比，他们就是更加健康、更加聪明的。

　　在六个月到九个月期间，宝宝如果能够成功地完成一项任务，他们就会露出微笑。这样的微笑是有意识的。在九个月之后，宝宝会想把自己快乐的心情分享给妈妈，所以他先是很短暂地对自己笑一下，表示出对自己的认可，接着就会微笑着转向妈妈，看着妈妈。在这种情况下，妈妈如果能够给予宝宝积极的回应,就有助于帮助宝宝树立自信。遗憾的是,现实生活中有很多妈妈每天都非常忙碌,忙着照顾宝宝,忙着做自己的事情,往往没有注意到宝宝这样的表情。或者即使她们留意到宝宝的脸上呈现出了笑容,也不知道宝宝这个笑容具体的意思。在这样的情况下,妈妈往往不能及时给予宝宝积极的回应,这会让宝宝感到非常失落,甚至会让他们做事情的信心和积极性受到打击。

转眼之间,宝宝到了一岁,他们学会了用笑容来表达自己的需求。例如,他们想吃饼干,那么他们会面带微笑地伸出一个手指指着饼干,这意味着他们很想吃这种美味的食物。他们想吃水果,那么他们会面带笑容地用手指着水果,这意味着他们很渴望品尝水果的美味。所以,妈妈要学会了解孩子笑容背后蕴含的深层次的含义,知道孩子在笑容背后隐藏的需求,知道孩子在笑容背后的情绪和感受,这样就能够更加理解宝宝的笑容,也能够给予宝宝更好的回应。

父母需要注意的是,宝宝的笑容不但是他们情绪和精神的一种反映,而且还能够反映出宝宝的营养是否均衡。如果宝宝在到了100天之后,还满脸严肃,表情非常呆滞,那么爸爸妈妈要知道,宝宝可能体内缺铁了。此时爸爸妈妈可以带着孩子去医院检查微量元素,如果确定孩子缺铁,那么就要给孩子及时补铁,否则就会影响孩子的生长发育。宝宝的笑居然有如此丰富的含义,不但是情绪状态的反应,还能够反映孩子的健康状态,所以爸爸妈妈一定要了解孩子的笑容,这样才能根据孩子的笑容,给予孩子更好的照顾。

第三章
看懂宝宝传情达意的手势，读懂宝宝的手部语言

手是人身上能够从事精细动作的一个重要器官，随着不断成长，宝宝渐渐地形成了自己的思想，认知能力也得以提升。在这个阶段里，虽然他们还不能用语言来表情达意，但是他们却可以主动地借助于手势来传达自己内心的信息。如果妈妈能够读懂孩子各种各样的手势语言，那么就可以对孩子的思想和需求更加了解，也能够及时地满足孩子各个方面的愿望，给予孩子周到的呵护和关爱。每个妈妈的心愿，都是希望宝宝能够健康快乐地成长，那么就从现在开始，看懂宝宝传情达意的手势，读懂宝宝的手部语言吧。

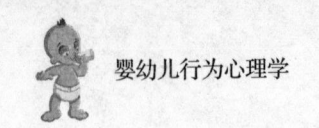

别给宝宝戴手套

在三个月之后,宝宝就会有意识地用笑容来表达自己的心情。当他们心情愉悦的时候,他们的脸上就会绽放笑容;当他们做了一件自认为了不起的事情,想和妈妈分享喜悦的时候,他们自己会先短暂地微笑一下,然后再微笑着把头转向妈妈,看着妈妈,这样妈妈就能够感受到他们的喜悦。除了能够用面部表情来表达自己的心情之外,很多宝宝还会情不自禁地做出一些肢体动作。在兴奋的时候,他们会向妈妈张开双臂,他们的小手会张开,他们的手指会向前伸展,似乎想要触及妈妈。这非常明显地表达出了宝宝想和妈妈互动的心情。如果妈妈能够读懂宝宝的这个手势语言,及时地给予宝宝回应,也伸出自己的双手和宝宝进行游戏,宝宝就会感到非常满足。反之,如果妈妈不知道宝宝的这个手势代表什么意思,而只是把宝宝从床上抱起来,那么宝宝有可能会因为愿望没有得到满足而哇哇大哭。

虽然很多孩子都希望让父母抱抱,但是在有些时候,他们的愿望并不仅是求抱抱,而是希望能够和父母一起玩耍。所以当孩子做出特定的手部动作时,爸爸妈妈不要觉得孩子只是希望得到抱抱,而是应该知道孩子也希望和父母一起游戏,从而得到快乐。

孩子的手部语言有这么多丰富的含义，但是有一些父母却会给孩子戴上手套，理由非常简单，就是怕孩子抓挠自己的脸，把自己的脸或者头部挠破。也有一些父母从孩子出生开始就给孩子戴手套，让孩子的双手在手套的限制下，不能随意地活动，这对于孩子的成长是极其不利的。

乐乐100天的时候，妈妈带着乐乐去妇幼保健医院里进行体检。因为人比较多，所以妈妈带着乐乐在妇幼保健院排队。这个时候，在前面进行检查的一个妈妈被医生狠狠地训斥了一顿，原因是医生发现孩子戴着手套。医生把孩子的手套拿下来之后，孩子的手掌紧紧地攥着拳头，不愿意张开。即使医生试图把孩子的手指打开，孩子也依然握紧拳头。医生问妈妈："为什么要给孩子戴手套？"妈妈说："如果不戴手套，他就会挠自己的脸。戴着手套，起到保护的作用。"医生又问妈妈："那么，你愿意每天戴着手套吗？"妈妈显然没想到医生会问她这个问题，不由得愣住了。医生说："孩子要用手来接触外部的一切，你把他的手给捆绑起来，用手套束缚住他，他如何能了解外界的很多事物呢？你看看，孩子现在都不愿意打开手掌，这意味着他不但关闭了手掌，也关闭了他认知世界的心。赶快给孩子拿掉手套！每天多和孩子进行互动，让孩子的手部动作更灵活，否则你一定会后悔的。"听到医生说得这么严重，那个妈妈也非常重视，当即就把孩子的手套摘掉了。

这个时候医生又来检查乐乐，前面的妈妈正在给孩子整理衣物呢！医生看到乐乐非常活泼可爱的样子，对那个妈妈说：

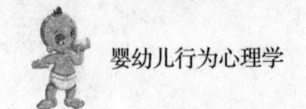

"你来看看这个孩子的手,他的手非常灵活。我把手指放在他的手心,他会马上攥着我的手指,而且特别有力气。他的手现在都可以做很多精细的动作了。现在,你知道你给孩子戴手套,多么阻碍孩子的成长了吧!"

那位妈妈非常懊悔地说:"我以后再也不给孩子戴手套了,我会把他的指甲修剪一下,这样他不会把脸挠破。"医生说:"即使把脸挠破也没关系,孩子很快就会恢复,那也比把孩子的手捆绑起来更好。"医生正说着,乐乐把小手塞到嘴巴里,开始吃手指。医生逗弄乐乐,把乐乐的手拿出来,乐乐很快又把手放到嘴巴里。他一开始只是吮吸一个手指,在医生几次破坏之下,他居然把整个手都塞到嘴巴里吃了起来。医生哈哈大笑起来,说:"这个小家伙还挺倔!"

如今,很多婴幼儿用品的套装里都会带有孩子的脚套、手套。不得不说,这对于孩子的成长是一种束缚,并不利于孩子发展手部的精细动作。有一些年轻的父母盲目地追求时髦,他们觉得给孩子戴手套是一件很有趣的事情,而没有想到手套会限制孩子的手部动作发展。

随着手部动作的发展,孩子可以借助于手势做出各种各样的动作。例如,前文提到的求玩耍的动作就是把小手张开,手指向前伸展,这个动作具有很明显的要求互动的意味,所以爸爸妈妈一定不要误解孩子。这个动作和孩子求抱抱的动作有些相似,只不过求抱抱的动作会把双臂也抬起来,向着父母张开,这是一个很细微的区别。父母应该要经常和孩子在一起

玩，几个月的孩子就会有和父母互动的需求，他们在和父母玩耍的过程中会得到更多的快乐。

　　现实生活中，很多妈妈都只看到宝宝脸上呈现的笑容，而对于宝宝的手部动作却没有留意。尽管妈妈非常积极地抱着宝宝，但是宝宝却并没有得到满足，也没有实现和爸爸妈妈一起玩的愿望，所以他们会为此而哭闹不休。这又回到了前文所探讨的宝宝哭闹的含义，如果宝宝的哭闹并不是因为任何需求性或者是非生理性的原因，那么，爸爸妈妈就要想到宝宝是否有情感或者精神上的需求需要得到满足。很多的父母都觉得孩子还小，只知道吃喝拉撒，所以只需要满足孩子吃喝拉撒的基本需求就可以，而根本不会想到孩子还需要有人陪着他玩。

　　人是感情动物，每个人都需要在感情的滋养下才能够健康快乐地成长。孩子虽然小，但是也已经有了情感的需求，正是因为他们非常弱小，所以他们才更渴望能够拥有爸爸妈妈的陪伴。当孩子用手部动作来表达自己的需求时，爸爸妈妈一定要积极地回应宝宝。

　　看到这里，相信爸爸妈妈一定都知道自己应该怎么做了。那就是取下孩子的手套，解放孩子的小手，并且积极地帮助孩子提升手部的运动能力。人们常说心灵手巧，这就是因为人的手部动作的发展会对人的大脑发育也产生一定的影响。要想让孩子变得更加聪慧，我们就要让孩子拥有更精细的手部动作；要想让孩子的未来更加美好，我们就要在孩子小时候经常与孩子进行手的互动。

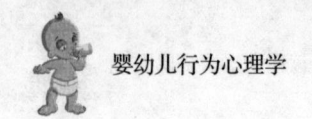

读懂宝宝紧张的小拳头

大多数宝宝在呱呱坠地的时候都会把拳头紧紧地攥起来。在刚刚降临人世的时候,宝宝握紧拳头属于正常的生理反应。等到过了两三个月之后,宝宝通常都会把自己的小手放松,摊开手心。然而在过了这个时期之后,宝宝又会有很大的变化。他们常常紧紧地握起拳头,这让父母不由得想起了他们刚刚出生时的情景。那么,宝宝为何会在握紧拳头、松开拳头之后再次握紧拳头呢?对于宝宝的这个改变,爸爸妈妈可不要忽视哦!因为这个改变背后隐藏着宝宝很大的秘密。通常情况下,宝宝之所以握紧拳头,是因为他们感到非常害怕。如果宝宝觉得身体不舒服,也会把自己的拳头握紧,似乎是在捍卫自己的权利,也是在凝聚自身的力量。

遗憾的是,很多爸爸妈妈都非常粗心,他们并没有留意到宝宝握紧的拳头,也就不能了解宝宝内心的需求和感受。如果能够通过宝宝握紧的拳头,知道宝宝是感到恐惧的,那么妈妈就可以帮助宝宝把拳头伸开,给予宝宝安全感,对宝宝做出一些安抚的举动。举例而言,如果孩子在洗澡的时候感到非常害怕,那么就会情不自禁地握紧拳头。在这个时候,妈妈可以小声地告诉宝宝:"我们在帮助宝宝洗澡哦!洗完澡之后,宝宝会感到很舒服。"妈妈不要担心宝宝听不懂妈妈的话,其实很多宝宝在娘胎里还是个小小的胎儿时,就已经能够听懂妈妈的话了。退一步而言,即使宝宝听不懂妈妈在说什么,他们也会

第三章　看懂宝宝传情达意的手势，读懂宝宝的手部语言

从妈妈的表情和语气上感受到安全。

此外，如果宝宝因为紧张恐惧，而把拳头紧紧地攥起来，那么妈妈可以把宝宝拥抱在怀里，用自己温柔的手指给宝宝的手指进行按摩，例如在宝宝的手心里轻柔地画圈，轻轻地捏着宝宝小小的、细嫩的手指，或者拿起宝宝的手，让宝宝来抚摸妈妈的脸庞。这样和宝宝之间进行互动，宝宝就会感到放松，他们紧张的心情也会变得松弛。有的宝宝在睡觉的时候也会送送地握着拳头，在这样的时候，妈妈没有必要去纠正宝宝手部的姿态，而是要让宝宝以他们最喜欢的方式睡觉。

如果宝宝是因为身体不适感到非常难受，而紧紧地握着拳头，那么，妈妈一定要通过宝宝的手部语言感受到宝宝正在承受的痛苦，也要了解到宝宝的病情也许会非常严重，所以要在第一时间就带着宝宝就医，这样才能给予宝宝及时的医治。总而言之，一个健康快乐的宝宝是不会始终握紧拳头的，那么当宝宝握起拳头的时候，妈妈要意识到宝宝的异常，也要给予宝宝更好的照顾，这才是最重要的。

乐乐出生一个月的时候，妈妈和奶奶决定在家里给乐乐洗澡。在此之前，乐乐是在医院出生之后洗了几次澡，而回到家里之后因为天气寒冷，所以妈妈和奶奶不敢在家里帮助乐乐洗澡。不过，眼看着在医院里被洗得白白净净的乐乐，回到家里一个月变得有点脏了，头上还长了一些污垢，所以妈妈和奶奶在经过商量之后，决定给乐乐洗澡。其实不仅乐乐对于洗澡非常紧张，妈妈和奶奶对于帮助乐乐洗澡这件事情也是很紧

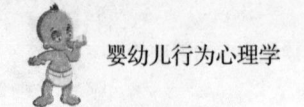

张的。

妈妈早早地把卫生间的暖气开上,把卫生间烘得热烘烘的,又放了一盆温度适宜的水。因为担心自己用手感受的温度不符合孩子洗澡的温度,妈妈还特意用温度计测量水温。做好了这一切准备之后,就和奶奶把乐乐的衣服脱下来,抱着乐乐放在洗澡盆里。乐乐进入洗澡盆开始洗澡之后,四肢都紧张得颤抖起来,而且手紧紧地握着拳头。看到乐乐这样的表现,妈妈很担心,她不停地问奶奶:"会不会着凉呀?会不会感冒呀?"奶奶说:"不要说话了,赶紧给他洗完了包起来就好了。"就这样,妈妈和奶奶一起加快速度为乐乐洗澡。

在洗澡的过程中,乐乐终于放松下来,他感到非常舒适,握紧的拳头松开了,而且四肢也打开了。洗到最后,乐乐居然非常享受洗澡。奶奶说:"看吧,这个小家伙还挺会享受的,刚进水的时候他应该是比较害怕。现在,他估计还想多洗一会儿。不过不能让他多洗了,否则容易着凉,还是赶紧擦擦出去吧。"

奶奶虽然是老人,但是对于乐乐的观察还是很仔细的。通过观察乐乐在洗澡前后不同的表现,奶奶知道乐乐接受了洗澡这件事情,而且也适应了洗澡,所以才会在洗澡前后有截然不同的表现。

很多孩子在刚刚开始做一些事情的时候都会感到紧张,他们情不自禁地就会握紧拳头。其实,不仅小小的婴儿在紧张害怕的时候会握紧拳头,成人在情绪激动的时候,也会不知不觉

间握起拳头。握拳，是婴儿一个非常典型的肢体动作，也表达了非常明显的含义。

对于新生儿握拳这件事情，妈妈无须感到紧张。为了帮助孩子早早地打开拳头，妈妈可以在洗脸洗澡的时候，把自己的手指放入宝宝的手掌心里，一边给宝宝按摩，一边帮助宝宝清洗手掌心。在给孩子喂奶的时候，妈妈怀抱着孩子，也可以一边给孩子喂奶，一边抚摸孩子，尝试着打开孩子的手掌心。若孩子摊开了掌心，妈妈还可以用自己的手心轻柔地摸索孩子的手心，或者拿着孩子的手心触摸自己的面庞。在经过这样循序渐进的接触之后，宝宝渐渐地就会打开手掌心。

心理学家经过研究证实，宝宝的手部发育、脑部发育是紧密相连的。如果爸爸妈妈能够及早地打开孩子握紧的小拳头，就能够帮助宝宝开启智慧的大门。孩子手部的动作可以促进神经系统的发育，手部动作发育得越早，发育得越精细，就意味着孩子神经系统发育得更加完善。所以妈妈可不要小瞧孩子的手部动作，也不要小瞧孩子握紧手掌的这个动作。

在孩子打开手掌心之后，如果孩子突然又把拳头握了起来，那么妈妈就要知道孩子的情绪有了变化，也要知道自己应该给予孩子更多的安抚。在上述事例中，妈妈和奶奶帮助乐乐洗澡，自身也是非常紧张的，那么在安抚乐乐的过程中，除了加快速度给乐乐洗澡之外，还可以和乐乐说一些话。尤其是妈妈，孩子在娘胎里的时候就已经熟悉了妈妈的声音，妈妈可以说一些安抚孩子的话，告诉孩子这是在洗澡。那么，渐渐地，

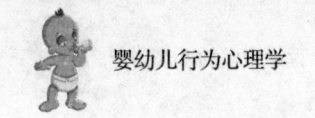

妈妈温柔的声音就会让孩子的情绪变得舒缓，也让孩子感到安心。

宝宝张开双臂扑向你

乐乐刚刚出生的时候，爸爸初为人父，还不知道拥有一个儿子到底意味着什么呢。妈妈每天辛苦地给乐乐喂奶换尿布，爸爸则忙着朝九晚五地上班。他的公司距离家里比较远，所以每天早晨他早早地就出门去上班了，晚上回到家里的时候，乐乐往往已经睡着了。就这样，在乐乐半岁之前，爸爸和乐乐之间的关系非常疏远，爸爸只是从理性上知道自己有了儿子，而并没有从感情上接受这个儿子的存在。也或者说，他还没有接受自己已经升级成为爸爸的事实。

在乐乐六个月的时候，爸爸调动了工作，调到离家比较近的分公司里工作，而且工作上也相对清闲一些。这使得他每天早上上班之前和晚上下班之后都有了更宽裕的时间。尤其是晚上下班到家时，乐乐还没有睡觉呢。回到家里，爸爸急急忙忙吃一些饭。妈妈要去洗澡的时候，就由他来负责带着乐乐玩。乐乐每天晚上都能得到爸爸的陪伴，与爸爸之间的关系越来越亲密。

有一天，爸爸对妈妈说："我直到现在才意识到自己已经当爸爸了，有了一个这么可爱的儿子。"妈妈对爸爸的话嗤之以鼻,说:"那是,又没让你十月怀胎,忍受那么多痛苦,你怎么能知道这个儿子得来不易呢!"和爸爸的感受同样的,乐乐与爸爸也更加亲近了。

有一天傍晚,妈妈抱着乐乐去楼下乘凉。这个时候,爸爸还没有回家呢。妈妈抱着乐乐,在爸爸下班回家走的那条路上来回地走着,让乐乐看天空中的晚霞,让乐乐看地上跑来跑去的猫狗,还看路边长满的鲜花。原本,乐乐在妈妈怀里非常老实,突然之间,他猛地一扑腾,就像一条鱼上了岸。妈妈被乐乐吓了一跳,对乐乐说:"你这个家伙怎么突然这么兴奋,差点掉下来。"这个时候,乐乐伸开双手,不停地扑腾着双臂,就像一只鸟儿正在扑打着翅膀,想要飞起来。妈妈顺着乐乐胳膊的方向看去,原来是爸爸拎着公文包下班回家了。

妈妈远远地就对爸爸说:"看你儿子,看到你这么高兴,我都吃醋了!"爸爸看到乐乐也满脸笑容,隔着很远就对着乐乐喊道:"乐乐!"乐乐听到爸爸的呼唤,更加兴奋了,在妈妈的身上不停地扭动着。当爸爸走到妈妈的面前时,乐乐更是张开双臂,把上身往外倾斜着,想要扑到爸爸的怀里。爸爸对乐乐说:"爸爸刚刚下班回家还没有洗手呢,不能抱你。爸爸要回家洗澡、洗手、换衣服,然后再跟你玩儿,好不好?"爸爸话音刚落,乐乐明显有些失落,因为他没有看到爸爸也向他伸开双臂。好不容易等到爸爸洗完澡,洗完手,也吃了饭,乐乐和爸爸玩得不亦乐乎,玩到很晚都没有睡。

第二天,妈妈又带着乐乐去爸爸下班必经的那条路上。

这次，妈妈特意带了消毒湿纸巾。果然，在相应的时间，乐乐又看到爸爸了，他还和昨天一样激动地伸开双臂，想要扑向爸爸。这个时候，妈妈把消毒湿纸巾递给爸爸，让爸爸用消毒湿纸巾清洁双手和双臂。爸爸做完卫生工作，也很激动地抱起乐乐，乐乐兴奋不已。

爸爸问妈妈："今天怎么还带了湿纸巾呀？"妈妈说："我带湿纸巾可不是为了你，而是为了儿子。你看看昨天儿子扑向你的怀抱，你没有给他回应，他多失落呀！所以你就用消毒湿巾先擦擦手，满足他和你亲近的欲望，回到家里再洗澡，晚上再跟他玩，这样他肯定会更开心。"的确，乐乐和爸爸玩得非常开心，跟爸爸之间的感情也越来越好。没过一两个月，乐乐居然学会了叫爸爸，爸爸听到乐乐对他的呼唤，激动得热泪盈眶。

婴儿在三个月的时候就已经能够模模糊糊地认出爸爸妈妈了。在六个月的时候，他们可以区分自己的亲人，也能够认出陌生人。所以在六个月的时候，婴儿会出现认生的情况。等到八个月的时候，婴儿的活动能力增强，他们更加活泼可爱，会得到很多人的喜爱。当看到熟悉的亲人或者是信任的人，或者是经常见面的人时，他们就会很激动地张开双臂。这是宝宝求抱抱的表现，也是他们兴奋的表现。宝宝的这个肢体动作带有很强的热情，好像是在告诉对方：我太喜欢你啦！当然，这也像是宝宝在向对方发出邀请。希望对方能够和他有更多的互动。

在生活中,当发现宝宝对自己伸出双臂求抱抱的时候,父母一定不要因为各种原因而拒绝宝宝,哪怕是因为忙着做其他的事情,也可以暂时地抱起宝宝,满足宝宝在这个方面的需求,然后再把宝宝放到某一个地方,或者是交给别人看管。这样可以保护宝宝的热情,如果父母直接拒绝宝宝求抱抱的需求,对孩子做出回避的行为,那么宝宝就会觉得自己受到了冷落,甚至会因此而刻意地回避。他们仿佛在以这种方式来惩罚妈妈,实际上是因为他们的内心受到了伤害,不愿意再被妈妈拒绝。父母对于孩子能否做出积极的回应,将会影响宝宝能否形成健全的人格,因而不管父母正在做什么事情,当看到宝宝伸开双臂求抱抱的时候,都要对宝宝表示欢迎,都要当即满足宝宝的情感需求,这样才能保护孩子对于父母的热情。

从孩子的角度来说,他们张开双臂扑向爸爸妈妈,或者是扑向其他熟悉的人,不仅是在表达他们的情感需求,也是他们开展人际交往的方式。细心的妈妈会发现,宝宝在出生之后没多久,就会用微笑来回应妈妈的笑容,这是宝宝最开始进行的人际交往活动。当长到八个月的时候,宝宝会具有更强烈的人际交往欲望。在此过程中,他们还会使用肢体语言来表达自己的情感需求。例如,看到小朋友的时候,他们会伸手去触摸小朋友,看到熟悉的人时,他们会张开双臂扑向熟人的怀抱。这些行为方式对于宝宝而言都非常重要,作为父母一定要及时回应宝宝,也在此过程中培养宝宝的社交能力。

在日常生活中,为了让宝宝养成乐观开朗的性格,为了让宝宝不再认生，爸爸妈妈可以经常带着宝宝与人接触，让宝宝有更多的机会与人相处，也可以带着宝宝去更多的地方看更多的风景，这样宝宝就能够形成开放的心态，为将来的人际交往打下良好的基础。切勿把宝宝关在家里，让宝宝离群索居，否则宝宝就会养成封闭的心态，不愿与人交往，这对于宝宝的成长而言显然是极其不利的。

宝宝最爱抓东西

很多妈妈都抱怨孩子在一岁前后反而没有小时候好带养了，这是为什么呢？小时候，妈妈给孩子喂饭，孩子总是张大嘴巴等着东西到嘴里，他们吧唧吧唧嘴，很快就会吞到肚子里。而到了一岁的时候，孩子吃东西可费劲了，爸爸妈妈即使把东西放到孩子的嘴里，孩子也并不会马上就把东西咽下去。有的时候，他们会把手伸进嘴里，掏出嘴里的东西放在手里，把东西捏来捏去，捏得满手都黏糊糊的，而看着原本色香味俱全的食物被孩子捏成了糊状，爸爸妈妈忍不住会抱怨：孩子为何要这么做呢？用手拿出嘴里的东西非但不干净，而且还会浪费食物。最重要的是，孩子的脏手到处摸来摸去，不但把衣服摸得脏兮兮的，而且还把他坐着的桌椅板凳也弄得到处都是黏糊糊的食物，很不卫生。

对于宝宝出现的这种行为，很多父母都不理解。实际上，

当孩子出现这样的行为时,父母应该感到高兴,因为看起来孩子是在以这样的方式调皮,实际上这正意味着孩子的动手能力得到了提升。

在人的各种器官中,手的动作是最为精细的,人们做很多事情都要依靠双手,所以父母应该从小就锻炼孩子的动手能力。很多父母为了省事,都喜欢直接喂孩子吃东西,把东西放到孩子的嘴里,既不会撒出来,而且还能够让孩子吃得更饱,何乐而不为呢?这样的方式看似节省时间,节省精力,实际上,对于培养锻炼孩子的手部能力是极其不利的。

当孩子到八个月大小的时候,他们的手部开始发展精细动作,那么父母就无须把每一种食物都塞入孩子的嘴巴里给孩子吃,而是可以让孩子自主地用手拿着这些食物吃。例如,可以给孩子一根黄瓜条,可以给孩子一根香蕉,可以给孩子一块苹果。孩子在拿着这些食物啃的时候,他们既能够锻炼手部的精细动作,也可以锻炼咀嚼的能力。虽然孩子这样吃东西会弄得满头满脑满身上都是,甚至还会糊得家具上也都是,但是在此过程之中,孩子的手部能力可以得到锻炼。有一些老人带养孩子,总是直接喂孩子吃,而不让孩子自己拿着东西吃。这样一来省去了打扫卫生的辛苦,二来还可以让孩子在一定的时间内摄入更多的食物,看起来是效率最高的,但是这并不利于孩子发展能力。

在一岁前后,孩子具备了行走的能力,他们可以扶着东西走,或者是已经可以独立行走了。这意味着孩子的生存空间越来越大,他们能够涉足的范围越来越广。在这样的情况下,孩子对于周围的世界会充满了好奇,他们对于触手可及的一切东西都想亲自摸一摸、捏一捏、试一试。每当家里包饺子的时候,很多孩子都喜欢要一小块儿面团放在手里玩。其实孩子的快乐很简单,父母即使花费很多的价钱给孩子买一个高级的玩具,孩子也未必喜欢玩。但只是在做面食的时候给孩子一个小小的面团,孩子就会拿着玩得饶有趣味,从中得到很多的乐趣。在揉捏面团的过程之中,孩子的手指动作会越来越灵活。孩子玩面团仿佛是一种天性,他们一直会把面团玩到特别干燥,不好再塑形,才会把面团舍弃。

会走路之后,孩子更喜欢玩泥土和沙子。泥土和沙子会让孩子产生天然的亲近感,尤其是沙子,孩子更是百玩不厌。沙子没有固定的形状,所以,孩子在玩沙子的时候可以随意地对沙子塑形。孩子在抓起沙子的时候会专注地看着沙子从他们的手指缝之间漏出去,在此过程中,他们会目不转睛地观察沙子流动的情形。有些孩子对于沙子感到非常好奇,还会把沙子放到嘴里品尝。在这种时候,父母固然要保护孩子的安全,不要让孩子品尝脏兮兮的沙子,却也要给孩子机会去玩耍不同质地的东西。通常情况下,孩子都很喜欢玩沙子和水,这是因为沙子和水都没有固定的形状,也能够让孩子的小手获得更为丰富的触感。

细心的父母会发现,虽然成人是用头脑来进行思考的,但是孩子在从出生到年幼时期这个阶段里,实际上是用身体来进

行思考的。一开始他们会把所有拿到的东西都放到嘴里,用嘴巴去感受这个东西的形状和味道,等到他们的手部动作开始发育之后,他们就会用手来触摸这个世界,感受这个世界。孩子在使用手部的过程之中,不仅表现出了他们的思维能力,而且还能够构建他们的思考过程。因此,不管父母多么爱干净,也不管父母多么希望孩子能够干干净净地吃东西、玩耍,都不要阻止孩子自由地使用他们的双手。如果家里有老人,不愿意给孩子更多的机会去使用双手,那么父母就应该与老人进行认真细致的沟通,告诉老人双手的发展对于宝宝的成长有多么重要的作用,也告诉老人孩子只有手巧才能心灵,从而让老人给孩子更多的机会使用双手,促进孩子的手部发育。

在漫长的进化过程中人类的手部起到了非常重要的作用。从直立行走之后到能够用双手有意识地制造工具,标志着人类的发展进入了崭新的阶段。那么,在幼儿阶段的成长过程中,宝宝会出现口腔敏感期、手部敏感期。这是因为宝宝们很希望通过口来探索这个世界。在通过口来认识更多事物的过程中,宝宝的大脑得到了更快速的发展,宝宝也是通过嘴巴来认识手的,他们会把手放到嘴里吃来吃去,或者尝试着去啃咬手。这样一来,手部的知觉就会越来越敏锐。宝宝用嘴巴唤醒了手部的知觉之后,就用手取代了嘴,因为他们发现手部的动作比嘴部的动作更加精细,而且也会更加灵活。

当宝宝结束了口腔敏感期之后,他们马上就进入了手部敏感期。他们拿到了东西,不再都往嘴里塞,而是会用手去触摸、敲打、拍打这些东西，甚至会把这些东西扔出去，然后再捡起来，不停地反复地捡起来再丢弃，扔出去再捡起来。而且他们很喜欢开关抽屉、开关门。虽然在父母眼中，这些动作都是很危险的，但是不要禁止孩子去做，而是可以对孩子做好安全措施，保护孩子的安全，让孩子自由地从事这些动作。也许成人认为这些动作非常简单，不能起到锻炼的作用，但这仅仅是从成人的角度来看的。对于孩子来说，他们正处于成长发育的关键时期，他们各方面的能力都还没有发育成熟，所以他们需要反复的练习。

这些手部的动作尽管简单，对孩子而言却是一种成长和进步。作为妈妈，既然要肩负起照顾孩子和抚养孩子的重任，就一定要尊重孩子，给予孩子用手的自由。否则一旦妈妈限制了孩子的双手自由地活动，也就相当于剥夺了孩子认识世界的机会。孩子的双手如果总是老老实实地待在那里，不会进行探索活动，那么孩子的大脑也就会处于停滞的状态，不会进行积极的思考。尤其是在孩子的手部敏感期之中，妈妈更是要鼓励孩子用手来辅助大脑进行思考，用手来探索这个世界。在观察孩子使用双手的过程中，妈妈也可以更加了解孩子身心发展的阶段，给予孩子更好的引导和帮助。当孩子能够自由地度过手部敏感期，那么他们就会拥有灵巧的双手，也会拥有充满智慧的头脑。所以，爸妈不但不能限制或禁止孩子使用双手，还要创造机会，多多地鼓励孩子使用双手，用双手来了解和感知这个世界。这样宝宝的成长也一定会带给爸爸妈妈更大的惊喜。

宝宝爱上了敲敲打打

十个月的乐乐最近迷上了一件事情。他每天拿起玩具并不会放在嘴里啃，而是改变了一种方式，拿着玩具去敲各种各样的东西。在敲不同的东西时，他会使用不同的力度，从而让东西发出不同的声音。对此，妈妈总是批评乐乐，说："你这个孩子小小年纪就是个破坏大王，要不人家都说男孩淘气呢！你可真是个淘气包呀。"每当看到妈妈表情严肃地说这些话的时候，乐乐都会暂时停下来看着妈妈的脸色。但是等到妈妈离开的时候，乐乐马上又会故技重施，继续拿着玩具敲打起来。家里有一些家具是松木的，非常软，所以乐乐在敲打家具的过程中，常常会在家具上留下坑坑洼洼的痕迹。看到自己花费重金买来的实木家具都被乐乐敲打得面目全非，妈妈感到非常心疼。有一天，妈妈对爸爸说："我应该把家里所有能用来敲打的玩具都收藏起来，不让乐乐拿到。不然你看看他，恨不得把电视都敲碎了！"听到妈妈的话，爸爸忍不住笑起来，对妈妈说："对于孩子来说，敲敲打打是一种探索世界的方式。你觉得是你的家具更值钱，还是你儿子的探索力、创造力、好奇心更宝贵呢？"听了爸爸的反问，妈妈陷入了沉思。过了一会儿，她无奈地说："好吧，那我就牺牲我的家具，把你儿子培养成一个天才吧！"

在即将到一岁的时候，爸爸妈妈会发现，宝宝从喜欢啃咬各种东西变成了喜欢拿着东西敲敲打打。这时，爸爸妈妈都觉

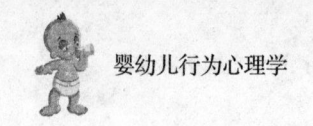

得宝宝非常调皮,实际上这样的调皮并不是表面上所看到的那样。如果爸爸妈妈用心地观察孩子,就会发现孩子在敲敲打打的过程中正在探索世界。

每一个孩子都必然要在成长过程中经历探索阶段,认识清楚这个道理,妈妈就不会因此而生孩子的气,更不会因此而指责和批评孩子。尤其是当意识到敲敲打打对孩子的成长起到很大的促进作用,也是孩子学习的一种重要方式时,爸爸妈妈就更不会阻止孩子做出这样的举动了。也许爸爸妈妈还会积极地配合孩子,给孩子创造更有利于敲敲打打的环境,从而让孩子充分发挥探索的能力呢!

换一个角度来看,很多爸爸妈妈不惜花费很多的钱去给孩子买一些玩具作为礼物,目的就是开发孩子的智力。如果孩子真正喜欢玩的只是拿着一个小小的玩具去敲打家里的家具,那么何尝不能满足孩子成长的需求呢?当然,对于那些珍贵的、易碎的东西,在孩子沉迷于敲敲打打的这个阶段,父母们可以提前收藏起来,以免被孩子破坏。

具体来说,孩子会有哪些敲打的行为呢?例如在吃饭的时候,孩子会拿起勺子敲打自己的碗碟,或者是敲打桌子,或者是敲打爸爸妈妈的碗碟。在敲打不同物体的过程中,孩子会用心地倾听敲打发出的声音,也会突发奇想拿起一件物体去敲打另外一件物体。在玩玩具的时候,孩子们原本好好地玩着玩具,却突然会把玩具当成棒槌,拿着玩具敲打地面,敲打沙发,敲打附近的桌子。

第三章　看懂宝宝传情达意的手势，读懂宝宝的手部语言

在户外的时候，孩子也很喜欢在手里拿着一个玩具敲打不同的东西，甚至会敲打小朋友的头，敲打小朋友的手，或者敲打小朋友的腿。总而言之，一切可以敲打的东西，孩子都会敲打。很多父母看到孩子这样的表现会感到非常厌烦，也会禁止孩子这么做，一则是担心孩子破坏玩具，二则是被敲打的声音弄得心烦意乱。但是如果知道孩子这样敲打并不只是在纯粹地调皮捣蛋，而是在探索世界，那么爸爸妈妈对于孩子敲打的理解就会不同。这样一来，爸爸妈妈就会更认可孩子敲打的这种行为。

孩子为什么这么喜欢敲打呢？是因为在敲打的过程中，孩子可以了解不同的物体，也可以明确不同物体之间的相互关系，而且通过敲打这个动作，他们还想知道自己的动作将会产生怎样的结果。有的时候，孩子之所以用一种物体来敲打另一种物体，就是因为他们对这种物体产生了好奇心。细心的父母还会发现，孩子在敲打的过程中，并不是漫无目的，而是通过敲打行为来感受不同的环境。他是想通过反复的练习，让自己的敲打动作更加熟练，而且他们会使用不同的力度，也是为了让敲打产生不同高低的声音。

在这样乐此不疲的练习过程中，孩子会对敲打动作更为熟练，也能够更好地控制自己胳膊和双手的力量，从而让自己的动作更加协调。对于孩子而言，这个世界是新鲜的，他们在这个世界越是了解，对于世界的好奇心也就越是强烈。所以父母不要怀着短视的目光，仅仅为了保持家里的干净整洁，或者

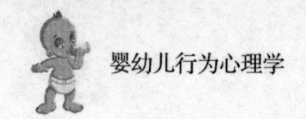

是为了保护家具不受伤害，就禁止孩子敲打。父母一定要支持孩子敲敲打打。通常，孩子们在十个月到十二个月之间，是最热衷于敲打的。在此过程之中，他们也会出现一个特殊的动作，那就是孩子拿了玩具之后就会把玩具扔到地上，而当父母把玩具捡起来放到孩子手中的时候，他们马上又会把玩具扔到地上。很多孩子都热衷于做这个游戏，甚至在半天的时间里，他们可以一直玩这个游戏。只要父母不厌其烦地为他们捡起玩具，他们就会不厌其烦地把玩具扔出去。在如此简单地重复动作之中，他们还会感受到很多的乐趣，也会变得非常兴奋。这同样也是一种变相的敲打。

孩子们会通过玩具落地的声音来了解玩具的材质，也会通过扔出玩具这个动作，意识到玩具与自己的关系。所以对于孩子而言，成长无处不在，无时不在，那么父母要为孩子营造宽松的成长环境，也要成为有心的父母，为孩子创造更多的机会，促进孩子的成长和进步。

宝宝把东西倒来倒去

一岁半的特特特别喜欢玩水，每次洗澡的时候他都坐在洗澡桶里不愿意出来，有的时候妈妈已经洗完澡了，等了他很长时间，他还是在洗澡桶里玩得不亦乐乎。看到这里，也许有一些爸爸妈妈会感到奇怪：洗澡桶那么小，只有水，又没有其他东西，有什么好玩儿的呢？其实对于孩子来说，好玩儿的东西可多着呢。这不，今天洗澡的时候，特特就找到了一个喜欢玩的玩具，那就是爸爸妈妈的刷牙杯。特特把爸爸妈妈的刷牙杯都放在洗澡桶里，他把一个杯子里装满了水，倒到另一个杯子里，又把另一个杯子里的水倒回来。在这样反复倒来倒去的过程中，杯子里的水越来越少，他就让妈妈再给他往杯子里注入一些水。就这两个杯子，特特都已经玩了个把小时了。幸好这是夏天，屋子里又不冷，所以，妈妈也就放纵他在洗澡桶里玩了个痛快。一小时之后，妈妈实在着急，就要求特特出来，特特极其不情愿，妈妈只好允诺等到下一次洗澡的时候可以让他多玩儿一会儿，特特这才心不甘情不愿地从洗澡桶里出来。

第二天洗澡的时候，特特可没有忘记妈妈的承诺。他早早地就把爸爸妈妈的刷牙杯放在洗澡桶里，对妈妈说："妈妈，今天我可要多玩儿一会儿！"妈妈一本正经地对特特点点头，说："好的。你可以再玩儿一小时，但是时间长就不行了，因为水太凉了，容易感冒，而且妈妈还要出去做其他的事情呢！"特特问妈妈："我不能玩两小时吗？"妈妈问特特："这有什么好玩儿的呢？倒来倒去。只能玩一小时。"特特无奈地接受了妈妈的要求，他坐在洗澡桶里玩了起来。果不其然，到了要离开洗澡桶的时候，特特还是不情愿，甚至还哭了起来呢！

特特不仅喜欢玩水，把洗澡水倒来倒去，在平日里喝牛奶或者喝水的时候。他也喜欢这样倒来倒去。有一天，妈妈给特特倒了一杯牛奶，特特非要再拿来一个空杯子，把牛奶倒到另一个空杯子里。把牛奶倒入空杯子之后，他又改变了主意，又要把牛奶再倒回来。在反复倒的过程中，牛奶撒得满桌子都是。喝果汁的时候，特特也会玩这个招式，他把果汁倒来倒去，让果汁洒在桌子上。每次特特喝东西，妈妈都要跟在他身边收拾。虽然妈妈对此有很大的意见，但是妈妈知道孩子的手部动作发育是很重要的，所以并不想阻止特特这么去做。就这样进行了一段时间之后，妈妈惊讶地发现，特特在把水或者其他的液体倒来倒去的过程之中，溢出来的液体越来越少了。有一次，特特虽然把牛奶来回倒了好几遍，但是桌子上连一滴牛奶都没有。妈妈恍然大悟：原来，特特在这么长的时间里一直在坚持练习，反复地把东西倒来倒去，是在提升自己的动手能力呢！从此之后，妈妈不再阻止特特把液体反复地倒来倒去，还专门为特特购买了一套工具呢。这套工具既可以玩沙，又可以玩水，每当周末休息的时候，妈妈就会带着特特去海边，让特特坐在海边的沙地上玩个不亦乐乎！

孩子之所以反复地倒东西，其实是在促进手腕的灵活，让手腕能够做出更加精细的动作，也增强对手腕的控制能力。很多妈妈发现孩子总是在不停地来回倒东西的时候把东西撒得到处都是，感到非常厌烦，因而就会阻止孩子这样做。殊不知，孩子做出的一切举动都并不是平白无故的，他们之所以来回倒东西，就是因为他们需要发展手腕的动作能力，增强手腕的力量。那么，如果妈妈害怕孩子把家里弄得乱七八糟，可以让孩

第三章　看懂宝宝传情达意的手势，读懂宝宝的手部语言

子在卫生间里玩，尤其是在洗澡的时候，只要天气不太冷，让孩子在水里多玩一会儿也是很好的选择，还能够防暑降温呢！

增强对手腕的控制，对于孩子做出精细的动作是很重要的。例如孩子在吃饭的时候，要想把汤勺里的饭准确地放到自己的嘴里，就应该提升对于手腕的控制力。有一些孩子可以用勺子吃饭，小小年纪就能够灵活地使用筷子，这与他们手腕的力量与灵活都是分不开的。

意大利著名的教育家蒙台梭利说，人的手部动作非常复杂与细致，不但能够表现出人的心智，也可以使人的整个生命与环境建立新的关系。人正是因为能够灵活地使用双手，所以才拥有了生存的环境，也能够改变生存的环境，完成在这个世界上最为神圣的使命。对于宝宝而言，他们在刚刚出生的时候手部的力量是非常弱的，而且他们也不能够很好地控制手腕和臂膀的动作。所以他们在成长的过程中要反复地进行练习，这样才能让自己的力量得以增强，也才能让控制力得到提升。当宝宝的手部动作取得了飞跃性的发展，那么妈妈应该为宝宝的巨大进步而感到高兴。当然，要想实现这样的进步，前提就是妈妈要支持宝宝进行手腕动作的练习。很多孩子还不会说话，不能准确地用语言表达自己内心的想法，也不能用语言向妈妈解释，这是他们之所以做出某种行为的原因。当妈妈禁止他们进行这样的练习时，他们就会号啕大哭，表达他们的抗议。有的时候，妈妈粗暴地阻止孩子进行这样的练习，还会让孩子产生挫败感，影响孩子形成自信心，这可真是一件糟糕的事情。

085

日常生活中，除了宝宝热衷于从事的倒水动作、玩沙子动作之外，妈妈还可以有意识地为孩子创造条件，让孩子发展手部的灵活性。例如在家庭生活中，如果需要擦桌子，那么可以让孩子拿着一块抹布去擦，也许孩子不能把桌子擦得很干净，甚至还会把桌子擦得很花，但是在坚持练习的过程中，孩子会做得越来越好。这不但能够锻炼孩子手腕的力量，还能够培养孩子的自理能力，可谓一举两得。

孩子的成长在于父母对他们的引导和教育，父母不但要给孩子成长的助力，还要避免给孩子创造成长的阻力。父母要更多地了解孩子的身心发展特点，也要知道孩子在特定行为背后隐藏的很多心理原因和深层次的成长需要，这样才能给予孩子最强烈的支持，也让孩子健康快乐地成长。

第四章 观察宝宝的身体语言，读懂宝宝的肢体动作

　　婴幼儿时期，宝宝的语言表达能力还不够强，所以父母要注意观察宝宝做出的肢体动作和身体语言，知道宝宝是如何表达自己的。宝宝似乎天生就会运用肢体动作向父母传达自己的真实心意，如果父母能够捕捉到宝宝很细微的肢体动作，也能够发现宝宝的肢体动作所代表的含义，那么就能够走入宝宝的内心，及时了解和满足宝宝的需求。在某些情况下，人的肢体动作比语言表达更能够体现出内心真实的意思，所以肢体动作是可以表达宝宝的心声的，也能够表现出宝宝的心理状态，是宝宝非常善用而且非常有效的身体语言。

宝宝怎么吐奶了

特特才两个多月,每次吃完奶之后,妈妈都要很小心地给他拍出奶嗝。这是因为特特很容易溢奶,或者是吐奶。有一天,特特吃饱了奶,妈妈突然觉得有些不舒服,就把特特放在床上,让他侧躺着,自己则躺在床的另一侧闭目休息。特特正在咿咿呀呀地玩,妈妈时而闭上眼睛假寐,时而睁开眼睛看一眼特特。妈妈在睁开眼睛看到特特的时候,突然,特特吐出了大量奶水,而且和平时吐奶只是从嘴巴里吐出不同,特特的鼻孔里居然都在冒奶。情急之下,妈妈吓得马上坐起来,把特特抱在怀里。幸好,特特吐出来的只有奶水,所以并没有被呛到。

这个时候,奶奶来到房间里,看到妈妈满脸惊慌,问:"你怎么了?"妈妈对奶奶说:"我刚刚给特特喂完奶,觉得有点不舒服,就把他放在床上。特特突然就吐奶了,这一次他和普通吐奶不同。以前,他只是从嘴巴里吐奶,这次,奶都从鼻孔里喷出来了。"奶奶赶紧接过特特,仔细地观察了特特的表现,看到他一切正常,这才放下心来。奶奶对妈妈说:"孩子刚吃完奶,你不要把他放在床上,否则很容易吐奶。你觉得不舒服可以喊我,我抱着他拍拍奶嗝,让奶往下走一走就好了。"

第四章 观察宝宝的身体语言，读懂宝宝的肢体动作

有了这次的教训之后，妈妈再也不会在特特吃完奶之后，把特特放在床上了。如果万一呛到了，那么就会非常危险。现在看到特特吃完奶，奶奶也会主动过来抱着特特，给特特拍嗝。此后，特特很少发生吐奶的情况。

新生儿出生不久之后很容易吐奶。作为新手爸爸妈妈，在看到婴儿从口中甚至是口鼻中吐出很多奶的时候，往往会感到非常担忧。他们不知道这属于是宝宝正常的生理反应，还是意味着宝宝生病了，所以才会出现这么严重的吐奶。实际上，要想弄明白这个问题，爸爸妈妈就要区分溢奶和吐奶。所谓溢奶，指的是宝宝的嘴里流出了点滴状的奶汁，这个过程是非常温和的。和溢奶相比，吐奶则显得更加剧烈。通常情况下，奶水会从宝宝的嘴巴里喷出来，甚至从宝宝的鼻子里喷出来。由此可见，吐奶的过程很激烈，而且吐奶的量也比溢奶多得多。

父母要区分清楚溢奶和吐奶，如果宝宝只是在温和地溢奶，父母无须感到过于担忧。如果宝宝是在剧烈地吐奶，父母就要采取有效的措施。

通常情况下，宝宝是因为以下几个原因才会吐奶。只有了解了这些原因，父母才能有效地帮助宝宝，否则只是惊慌失措，对于帮助宝宝毫无益处。首先，宝宝还很小，生命非常娇弱。他们刚刚出生，胃部还没有发育成熟。从正面来看，宝宝的胃是横躺着的，而且很不稳定。在出生后，新生儿牙刚刚开始使用自己的胃。这就像我们正在使用一个新的机器，肯定需要一个磨合的过程。

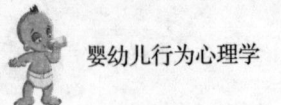

成人的胃部入口会收缩起来，这样就能够把食物留在胃里，防止食物以逆流的方式回到食道里，甚至进入口中。但是宝宝胃的入口非常松弛，不能把奶汁固定在胃中，所以奶汁就会逆流回到食道之中。这就是新生儿容易吐奶的生理原因。

其次，宝宝胃部的容量是有限的。很多宝宝会摄入过量的奶水，超过了他们本身胃部的容量，这使得奶水会溢出来。如果奶水太多，还会发生吐奶的情况。此外，宝宝在吃奶的时候，因为还不能熟练地吮吸乳头，所以很容易在吃奶的同时吸入大量的空气进入胃中，那么在这样的情况下，胃的容积就会越来越小。妈妈要了解孩子吐奶的这个原因，做到少量多次地给宝宝喂奶，也要注意在宝宝吃完奶之后给宝宝拍嗝，也就是把宝宝胃部的空气排出来，这样宝宝吐奶的情况就会大大好转。

再次，有一些妈妈因为奶水不足，所以会对宝宝采取混合喂养的方式。她们会用奶瓶冲泡奶粉给奶宝宝吃，而奶瓶的奶嘴与妈妈的乳头是不同的。宝宝在含着妈妈的乳头时，嘴巴与妈妈的乳头之间往往没有空隙。而宝宝在含着奶嘴的时候，奶嘴里会有很多的空气，而且他的嘴唇与奶嘴并不能完全贴合，所以这些空气就会让宝宝觉得胃部很胀，因而导致吐奶。

最后，小宝宝脑部的发育不平衡，他们的幽门肌肉发育得比较好，但是相应的神经功能还不够完善，所以就使得肌肉与神经之间出现了不协调的情况。这很容易导致宝宝的幽门发生痉挛，这样宝宝就无法控制胃部的奶水，因而会导致吐奶。

宝宝吐奶的原因不外乎以上几种，这几种原因都是相对正

第四章 观察宝宝的身体语言，读懂宝宝的肢体动作

常的原因。如果宝宝是因为身体不舒服，患有疾病，而突然吐奶，那么爸爸妈妈还要观察宝宝身体方面的其他表现，从而及时地给予宝宝帮助。那么，面对宝宝吐奶，爸爸妈妈应该做些什么呢？

首先，针对于因为吸入空气而导致的吐奶，爸爸妈妈在给宝宝喂奶之后，要竖着抱起宝宝。即使是很小的宝宝，也很喜欢这样的姿态，他们可以把头趴在妈妈的肩膀上。与此同时，妈妈用一只胳膊端着宝宝的屁股，一只手可以轻轻地抚摸、拍打孩子的后背，这样坚持去做，宝宝胃部的空气就会出来，宝宝也就会打嗝。当发现宝宝已经把胃部的空气排出来之后，爸爸妈妈再把宝宝放下，宝宝就不会再吐奶了。

为了避免摄入空气，还可以选择适合宝宝的奶嘴。如果奶嘴上的孔太小，那么宝宝在吮吸的时候就会非常用力，与此同时也会吸入大量的空气，所以吐奶的情况就更容易发生。只有选择适合的奶嘴，这样宝宝在吮吸的时候才能减少吸入空气。通常情况下，我们可以把奶瓶倒置过来，观察奶汁流出来是呈现出一个个小奶珠还是呈现出一条直线。如果奶瓶倒立，流出来的是一条直线，那么就意味着这个奶嘴太大了。如果奶瓶倒立，流出来的是一个个小奶珠，那么就说明奶嘴的孔洞是正合适的。

其次，前文说过，宝宝的胃部容量比较小，消化功能也不够完善，因而在宝宝吃完奶之后，爸爸妈妈不要逗着宝宝进行激烈的活动，也不要让宝宝大声地笑，更不要剧烈地晃宝宝，而是应该让宝宝进行一段时间的休息，以半小时左右为宜。这样宝宝就可以进行初步的消化，从而减少吐奶的可能性。在此过程中，为了避免宝宝吃得过多，妈妈还可以坚持少吃多餐的原则，尤其是对于吃奶粉的宝宝，妈妈不要把奶粉的浓度调得太稠或者太稀，而必须按照科学的配比调制奶粉。

对于宝宝而言，吐奶是成长过程中的正常现象，长大到四五个月大小时，宝宝吐奶的现象就会大大好转。这是因为宝宝的消化系统得到了发育和完善，所以爸爸妈妈在看到宝宝吐奶的时候，不要过于紧张和担心。有的时候看起来宝宝好像吐出了很多奶粉，爸爸妈妈会担心宝宝营养不良，实际上宝宝吐出来的大多数都是胃液，他们并不会因为吐奶而挨饿。有一些新手妈妈生怕吐奶会影响宝宝的身体发育，所以在看到宝宝吐奶之后，就会再给宝宝多喝一些奶粉，这样对于宝宝的成长反而是非常不利的。

如果宝宝吐奶的情况非常严重，爸爸妈妈不知道是否应该给宝宝添加奶粉，那么就可以以宝宝的体重作为参考。例如在宝宝吐奶的这个阶段里，如果宝宝的体重减轻了，那么爸爸妈妈可以给孩子适当增加营养。如果宝宝的体重发育正常，而且行为举止都很正常，那么爸爸妈妈就无须为此而过分紧张。此外，在宝宝吐奶的时候，为了排除另一些原因，爸爸妈妈还要观察宝宝吐奶的次数。如果宝宝频繁地吐奶，而且吐出来的奶水颜色发绿，并且宝宝会因此而感到很不舒服，精神萎靡，哭闹不止，甚至还会咳嗽，那么这就是他们在对爸爸妈妈发出求救的信号。爸爸妈妈一定要及时带着宝宝去医院，让医生对宝宝进行全面的检查，必要的时候给予宝宝以治疗，这样宝宝才能身心健康地成长。

宝宝经常打嗝怎么办

琪琪才出生一个多月，就已经非常聪明可爱了。他吃饱睡足的时候，常常瞪着小眼睛四处滴溜溜地看。看到琪琪这个样子，爸爸妈妈都感到非常开心。这段时间，爷爷奶奶特意从老家赶来看望琪琪。他们得到了这么一个漂亮可爱的孙女，也特别高兴。

有一天，奶奶抱着琪琪，咿咿呀呀地和琪琪说话。琪琪只是看着奶奶的嘴巴，根本不知道奶奶在说什么，不过她还是很喜欢进行这样的聊天。这个时候，琪琪突然开始打嗝。奶奶对妈妈说："琪琪肯定是有点冷了，所以才会打嗝。孩子打嗝就是受凉了。"说完，奶奶要求妈妈再给琪琪穿一件厚厚的衣服。尽管当时是冬天，但是屋子里有暖气，温度保持在25度左右，所以妈妈认为琪琪也只需要穿着身上现有的衣服就可以，因为如果穿得太多，孩子会流汗不舒服，而且也会出现湿疹，瘙痒不说，还难受。

奶奶看到妈妈不愿意给琪琪穿衣服，有些不高兴地说："我们都养育过几个孩子了。孩子打嗝就是因为受凉了，你们给孩子穿这么少，要是感冒可就麻烦了。"妈妈架不住奶奶的唠叨，最终同意给琪琪再穿一件厚衣服。但是琪琪很快就小脸红通通地冒起汗来，妈妈只好又为琪琪把衣服脱下来。看到折腾得琪琪一身汗，妈妈有些懊悔，觉得自己不应该随随便便就听奶奶的话。

对于很多新手的父母而言，宝宝出现的很多情况都会令他们感到紧张。例如，很多新生儿在出生不久之后就很爱打嗝，有些老人因为一些传统过时的教育观念，会认为宝宝是受凉了才打嗝，其实是因为宝宝的横膈膜收缩，才会打嗝。

如今，很多年轻的父母都知道，早在胎儿时期，宝宝就已经开始打嗝了。在妈妈的肚子里，他们进行肺部的呼吸练习，这样将来在出生之后才能自由地呼吸。不过在妈妈肚子里的时候，宝宝并不会频繁地打嗝。而在出生不久之后，宝宝会更加频繁地打嗝，这是为什么呢？

膈肌的运动受到植物神经的控制，宝宝在出生不长时间的时候，身体各方面的功能还没有发育完善，他们的植物神经也没有发育完善，膈肌却是非常强大的。在这种情况下，如果植物神经不能控制好膈肌，那么宝宝只要受到轻微的刺激，就会引起神经的过度敏感，也就会出现打嗝的情况。举个简单的例子而言，如果宝宝吃奶的时候吃得太过急促，或者吸入的空气温度很凉，那么他们就会出现打嗝的情况。很多老人都会担心宝宝打嗝意味着宝宝的身体不舒服，也担心宝宝因为打嗝而觉得很难受，所以容易反应过度。但是年轻的父母应该坚持科学的养育方法对待孩子，而不要总是迷信老人传统的教育方法。

成年人在打嗝的时候的确会觉得非常难受，有些成年人因为长时间打嗝还会觉得头昏眼花。但是对于宝宝来说，打嗝并不会让他们觉得那么难受。通常情况下，宝宝每次打嗝都会持续七八分钟，但是宝宝并不会因此而觉得特别不舒服。其实宝宝的打嗝被称为自限性打嗝，也就是说，宝宝在打嗝持续一段时间之后就会自动停止打嗝。在此过程中，宝宝并没有感觉到有任何不适，他甚至意识不到自己前后发生了怎样的变化，当然也就不会觉得难受了。

通常情况下，在三个月大小的时候，宝宝的植物神经就已经发育完善，能够调节横膈膜了。所以父母会发现，在三个月之后，宝宝从频繁地打嗝到很少打嗝，这就意味着他们的成长。所以，父母不要觉得宝宝打嗝是因为生病了，其实宝宝打嗝更像是一种语言，它是在告诉父母：我还没发育好呢，我受到刺激了。在这种情况下，父母只要安抚宝宝即可。

当然，除了自身的植物神经没有发育完善导致打嗝之外，宝宝打嗝的时候也会有其他的一些外部原因。如果说外部因素在产生作用，父母当然要及时地消除这些外部因素，从而让宝宝尽快停止打嗝。那么具体来说，导致宝宝打嗝的外部因素有哪些呢？

虽然宝宝打嗝是因为自身的植物神经没有发育完善，但是在成长的过程中，宝宝也有可能因为外部因素而导致打嗝。父母要了解这些外部因素，才能及时消除这些因素，从而让宝宝尽快停止打嗝。接下来，就让我们看一看这些外部因素包括哪

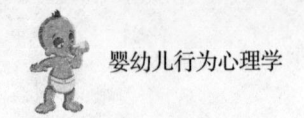

一些吧！

首先，宝宝如果受到外部冷空气的刺激，就会导致隔膜收缩，从而出现打嗝的情况。所以事例中奶奶说琪琪打嗝是因为受冷，其实是有一定道理的，只不过这不是因为琪琪的身体受凉，而是因为琪琪受到了凉气的刺激。除了冷空气会刺激孩子的隔膜收缩之外，如果宝宝吃了温度比较低的奶水，也会引起消化不良，从而出现打嗝的情况。有些宝宝在非常饥饿的情况下，吃奶会非常急迫，他们狼吞虎咽，吸入了大量空气，所以就会打嗝。在宝宝受到惊吓或者是正在哭泣的时候。父母不要为了安抚宝宝就给宝宝喂奶。这样会使宝宝出现打嗝的情况。如果父母给宝宝喂了过量的奶，让宝宝吃了太多的奶水，宝宝非但会打嗝，还有可能会出现溢奶或者吐奶的情况。

只有了解了这些因素，在抚养宝宝的过程中尽量避免这些情况的发生，宝宝才会更少打嗝。如果宝宝在打嗝的时候有一些异常的情况，例如宝宝的打出来的空气有一股酸酸的味道，那么就意味着宝宝有可能消化不良，出现了积食。这个时候，妈妈可以轻轻地按摩宝宝的胸腹部，这样能够有效地促使宝宝的胃部蠕动，帮助宝宝消化。对于一些年纪比较小的宝宝，也可以喂服一些婴儿专用的健胃消食的食物，或者是辅助消化的药物，这些都有助于促进宝宝消化。

如果宝宝此前并没有打嗝，但是突然之间打起了连续响亮的嗝，那么往往意味着他们的确是受了凉。在这种情况下，爸爸妈妈还可以给宝宝喝一些热水，帮助宝宝腹部保暖。也有一

些孩子不仅因为受到了冷空气的刺激，还有可能是因为他把尿布尿湿了，尿布湿漉漉地贴在他们的屁股上，才会打嗝。所以父母一定要非常细心，既要观察孩子的尿布，也要及时为孩子更换尿布，这样宝宝才不会持续打嗝。

正常情况下，宝宝打嗝的时间维持在七八分钟。如果宝宝打嗝维持的时间非常长，而且打嗝的频率很高，那么爸爸妈妈可以把宝宝抱起来，轻轻地拍打宝宝的后背，也可以给宝宝喝一些温水。有的时候，转移注意力是一种非常好的方式。例如在宝宝打嗝的时候，妈妈可以轻轻地触摸宝宝的耳朵、嘴唇或者是脚底，这样宝宝的注意力就会被妈妈吸引，他们的植物神经就会得以放松。在此过程中，他们也就会停止打嗝了。

如果爸爸妈妈在以上这些方面都做得很好，但是宝宝依然还会持续地、响亮地打嗝，那么就不要再把宝宝留在家里观察，而是应该及时带着宝宝去医院，让医生对宝宝进行检查。宝宝的生命是非常脆弱的，生命力也非常娇嫩，父母作为孩子的守护人，一定要观察孩子的一切行为表现，这样才能在孩子需要的时候，及时采取措施帮助孩子，保护孩子。

宝宝为什么爱吐舌头

几个月的婴儿很喜欢把舌头吐出来玩，就像舌头不是他们身体上的一个器官，而是他们的一个玩具。玩舌头的孩子显得憨态可掬，非常可爱，但是当父母总是看到孩子喜欢玩耍舌头的时候，就会担心孩子因此而养成不良的行为习惯，甚至会担心因此而影响孩子健康的成长。那么宝宝为什么喜欢吐舌头呢？如果了解了宝宝吐舌头的原因，也知道了宝宝吐舌头不会影响身体健康，更不会形成坏习惯，那么父母就可以放下心来。

宝宝之所以爱吐舌头，是因为他们进入了口腔期。口腔期通常是从宝宝出生开始，一直延续到宝宝一岁前后。在此期间，宝宝的嘴巴是他们探索世界的重要部位。宝宝不管拿到什么东西，都喜欢塞到自己的嘴巴里。这是为什么呢？通常情况下，成人都喜欢用手去触摸一些东西，用眼睛观察，从而了解这些东西，但是小宝宝的神经发育和成人不同，他们的神经发育是从中心向外围扩展的。这就意味着在婴幼儿时期，和手上的神经发育相比，宝宝嘴巴的神经发育会更早，更快。这直接决定了宝宝在探索事物的时候更倾向使用嘴巴获得信息，而且他们用嘴获得的信息会更加直接准确，这就是宝宝喜欢用嘴进行探索的原因。在整个口腔之中，除了嘴唇、牙齿之外，还有舌头。舌头是嘴巴里的活跃分子，它义无反顾地承担起了探索的任务。正是因为如此，宝宝才经常把舌头伸出来，想用舌头了解这个世界。

看完这部分内容，相信爸爸妈妈就知道宝宝之所以爱吐舌头，是因为处于特殊的年龄阶段的正常反应，而不是因为他们患上了什么疾病。所以，当宝宝总是喜欢吐出舌头舔一舔自

己身边的各种东西,啃把自己的小手时,爸爸妈妈不要感到紧张。尤其是在看到宝宝把拿到的任何东西都放到嘴里尝尝味道的时候,爸爸妈妈也不要声色俱厉地禁止宝宝,以免使宝宝受到惊吓。在宝宝的口腔敏感期,爸爸妈妈所要做的事情就是为宝宝提供安全的环境,例如给宝宝提供经过清洁的玩具,在家里也要保持卫生,这样宝宝在舔那些东西的时候,才不会因此而吞入,或者是因此而致病。

看到这里,相信父母们都知道了,当宝宝吐出可爱的小舌头四处舔的时候,他们不是因为饥饿,也不是为了玩舌头,而是在学习。众所周知,新生儿从呱呱坠地开始就已经本能地学会吮吸了,所以在吮吸母乳的过程中,他们会把吮吸作为一种习惯。不管拿到什么东西,他们都会放到嘴巴里,甚至会放在嘴巴里吮吸。当宝宝做出这些举动的时候,宝宝的心情会非常好,也感到十分满足,这说明他们对于外界的事物怀有浓厚的兴趣,想要通过吮吸或者是舔一舔、尝一尝的方式来了解外界的事物。

在儿童医院的口腔科里,经常有父母会带着孩子去看看口腔科。这不是因为孩子的牙齿出了问题,而是因为父母发现孩子说话含糊不清。从医学的角度来说,孩子说话之所以含糊不清,是因为舌系带过短,导致禁锢了舌头而形成的,也就是民间所说的大舌头。舌系带过短,就无法把舌头伸到嘴巴外面。如果父母发现孩子很容易就能把舌头伸到嘴巴外面,其实是一件值得高兴的事情,因为这至少意味着孩子不是大舌头。如果

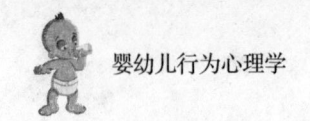

孩子的舌系带足够长，孩子就可以灵活地运用舌头。

除了要用舌头来探索世界之外，父母还要关注到孩子喜欢吐舌头的另一个重要原因，那就是孩子的模仿能力是很强的。在刚刚出生之后的一两个月之中，孩子的唾液腺开始分泌唾液，所以他们会自发地伸出舌头来舔唾液。这个时候，如果爸爸妈妈看到了孩子吐舌头的样子呆萌可爱，就有可能会故意学着孩子的样子吐出舌头，逗弄孩子。在这个阶段里，孩子的好奇心是非常强烈的，孩子的求知欲也特别旺盛。看起来孩子还不会说话，也不能很好地跟爸爸妈妈进行沟通，但是他们却会把爸爸妈妈的一举一动都看在眼里，并且会很积极地学习爸爸妈妈的动作。也有一些小宝宝会误以为这是爸爸妈妈在和他们交流呢，所以他们就自发地学习吐舌头，也以这样的方式与爸爸妈妈进行沟通，逗弄爸爸妈妈玩耍。

父母在和孩子进行交流的时候，要注意采取正确的交流方式。如果发现孩子频繁地吐出舌头，爸爸妈妈就要反思自己是否在逗弄孩子的时候，给孩子树立了不好的榜样，从而及时地改正自己不良的行为，以免对孩子造成恶劣影响。

在西方国家，很少有父母会因为发现孩子吐舌头而感到焦虑或者是紧张，他们会为孩子提供非常干净的东西，即使孩子把这些东西放在嘴里，也不会因此而生病。在绝大多数情况下，宝宝吐舌头都是正常的现象，父母无须为此感到担心。如果孩子总是拿到任何东西都塞到嘴巴里，父母害怕孩子因此而不卫生，那么可以用一些替代性物品来让孩子用舌头去啃咬。

例如，可以为孩子提供安抚奶嘴，或者提供那些可以放在嘴里啃咬的安全玩具，这样孩子只顾着吮吸奶嘴，或者是啃咬这些玩具，就会渐渐地忘记吐舌头这件事情。

在特定的时期内，宝宝会非常热衷于吐舌头，那么父母要观察宝宝其他的举动，只要宝宝的一切举动都很正常，那么爸爸妈妈就无须过于担心。等过了口腔期之后，宝宝的口欲就会渐渐地降低，他们的肢体功能得以持续的发展，所以宝宝就会更热衷于用身体的各个部位来探索世界，而不会再用舌头去品尝这个世界了。大概在一岁之后，宝宝就不会频繁地吐舌头了。如果宝宝在一岁多之后还会频繁地吐舌头，有可能是因为宝宝缺乏微量元素，例如宝宝缺乏锌就会吐舌头。妈妈可以带着宝宝去医院里进行微量元素的检查，如果确定孩子缺锌，那么为宝宝补充锌就会使宝宝吐舌头的情况大大好转。现在相信爸爸妈妈们都已经知道宝宝为什么喜欢吐舌头了吧，既然如此，就不要过分紧张和焦虑了。

宝宝认生啦

多多是一个非常可爱的婴儿，他看到人就会笑。妈妈经常带着多多在小区的广场里玩耍，和很多小朋友在一起玩。虽然多多还不会说话，但是他会和小朋友们咿咿呀呀地聊天。这个时候，妈妈也可以和其他小朋友的妈妈聊天。有的时候，妈妈

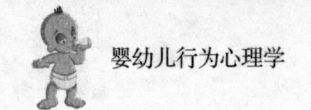

们还会互相抱起对方的宝宝逗弄着玩。也有一些在小区广场上晨练的老人们会来逗宝宝玩。多多看到人就开心地哈哈大笑,大家都说多多是一个开心果。

在五个月左右时,多多却不愿意别人抱她了。有一天,一个经常抱起多多的老奶奶来抱多多,多多高兴地张开双臂,想扑到老奶奶的怀里。老奶奶抱着多多,一会儿,老奶奶的老伴儿也来到了旁边,逗弄多多。这个时候,多多突然嘴巴一撇哭了起来。看到多多突然大哭,老奶奶很紧张,赶紧把多多还给妈妈。回到妈妈的怀抱里之后,多多一边哭一边还看着那个老爷爷。这个时候,老奶奶恍然大悟,说:"哇,这个小家伙开始认生啦!他认识我,却不认识我的老伴儿,所以才会哭!"

从此之后,多多就不愿意让陌生人抱了,只愿意让那些非常熟悉的人抱他。只有看到熟悉的人时,他才会露出笑容。有的时候,看到陌生人靠近自己,他还会非常紧张呢。为此,妈妈有些烦恼,说:"这个家伙,我天天带他累死了。以前别人抱他,他还愿意让别人抱一抱,让我轻松一会儿,现在。白天只有我一个人带他,他又不愿意让别人抱,我简直腰酸背痛!"

这时,旁边的一个妈妈说:"这是孩子认生。其实,孩子认生也是一件好事情。有些孩子不管看到生人还是熟人都笑呵呵的,被人抱走了也不知道。认生的孩子却有一个好处,当陌生人靠近他的时候,他就会歇斯底里地哇哇大哭,就像是在给爸爸妈妈发出预警,爸爸妈妈就可以及时保护他。这可真

好!"听到这位妈妈的话,妈妈想了想,点点头说:"这倒也是,认生的孩子肯定很难偷!"

大概在五个月前后,宝宝进入了认人的阶段。在这个阶段里,他们已经能够区别熟悉的人和陌生的人,这意味着他们的成长获得了很大的进步,也意味着他们对人群有了基本的划分。当然,如果孩子特别认生,一见到生人就哭,也非常胆小羞怯,不能和陌生人接触,那么,爸爸妈妈应该在这个阶段里多多带着孩子接触更多的人,这样孩子才不会过于认生。

古人云,凡事皆有度,过犹不及。虽然正如事例中那个妈妈所说的,孩子认生,是在向爸爸妈妈发出警示。但是,如果孩子过于认生,就会让孩子在成长的过程中遭遇很多麻烦。例如,有些孩子已经好几岁了,看到生人还是很害怕,总是躲在妈妈身后。还有一些孩子不喜欢去公开的场合,就是因为害怕见到陌生人。所以,爸爸妈妈要适度地帮助孩子在认生期见到更多的人,从而帮助孩子缓解认生的情况,也教会孩子有礼貌,这样孩子将来才能成为受人欢迎的人。

每个宝宝都会经历认生阶段,在这个阶段里,宝宝会非常害怕陌生人。只要看到陌生人,宝宝就会感到焦虑不安。教育学专家曾经说过,宝宝之所以进入认生期,是因为他在成长。很有可能在一夜之间,宝宝就会进入认生期,所以爸爸妈妈要做好心理准备,不要再因为宝宝认生就感到焦虑。细心的爸爸妈妈会发现,在四个月大的时候,宝宝通常不会认生。在这个阶段里,他们对于周围的世界充满了好奇,感到十分新鲜,不管谁去动他们，他们都会笑呵呵地咧开嘴巴，微笑着面对他人。但是在四个月之后到五个月之间，宝宝对陌生人会变得警惕。看到陌生人的时候，他们会紧张地观察陌生人，也会注视着陌生人的面孔。在五个月之后，很多宝宝一看到陌生人就会哭泣。而在七个月到十二个月之间，宝宝进入了认生的高峰期，陌生人只要靠近宝宝，或者伸出手拥抱宝宝，宝宝就会大声地哭泣。在一岁之后，宝宝开始学会独立行走，它活动的范围越来越大，会认识更多的事物，认生的感觉也会渐渐减弱。

对父母而言，当看到宝宝进入认生期时应该感到高兴，这意味着宝宝能够区分熟悉的人与陌生的人，这是宝宝在情感发展历程中的一个重要的里程碑，也意味着宝宝在成长的过程中有了重大的进步。但是，妈妈应该选择以合适的方式对待进入认生阶段的宝宝。很多妈妈看到宝宝只要见到生人就会哭泣，所以就不让宝宝见到生人，以免宝宝会哭泣。有的妈妈还因此而经常带着宝宝留在家里，让宝宝只与家里的人接触。当妈妈这么做的时候，宝宝认生的表现就会越来越严重，他们就会更加认生。正确的做法是，借助于这个时期，带着宝宝见更多的人，让宝宝对很多人都从陌生到熟悉。这样一来，宝宝就会有更多的机会与人打交道，他们的智力与社交能力都会得到发展。

也有一些妈妈反其道而行，她们会故意把宝宝放在陌生的环境中，让宝宝面对陌生的环境和陌生的人，认为这样就可以强制性地帮助宝宝改掉认生的坏毛病。实际上，这只会让宝

宝心里感到非常紧张，也会使宝宝对陌生人和陌生的环境更加抗拒。所以，妈妈一定要把握好其中的度，而不要进入两个极端，给宝宝带来伤害。

有些细心的妈妈会发现，宝宝虽然认生，但是他们对于同龄的小朋友或者是和妈妈很相似的阿姨却并不那么排斥和恐惧。那么，在带着宝宝出门锻炼胆量时，妈妈就可以让宝宝先和同龄的小朋友在一起玩耍，或者是和妈妈年纪相似的阿姨相处，这样能够减轻宝宝的紧张心理，让宝宝与陌生人之间越来越熟悉。

当陌生人想要抱宝宝的时候，妈妈也可以先让陌生人做好准备。虽然对宝宝来说这些人是陌生人，但是对妈妈来说，他们也许是亲朋好友。

当亲朋好友来家里做客的时候，妈妈应该提醒他们先保持一定的距离逗弄宝宝，等到宝宝对他们越来越熟悉之后，再试图伸手去抱宝宝。这样能够给宝宝一个循序渐进的过程，帮助宝宝消除紧张和恐惧的心理，也可以在此过程中让宝宝变得越来越勇敢，以后不会因为见到陌生人就感到害怕和恐惧。

总而言之，父母要非常用心，也要以更好的方式来对待宝宝，才能陪伴宝宝度过认生期。

每一个孩子都是社会的一员，最终他们都将走出家庭，走入社会，融入人群之中。所以宝宝过于认生不是一件好事情，爸爸妈妈要培养宝宝与人交往的勇气，让宝宝在社会生活中有良好的表现。

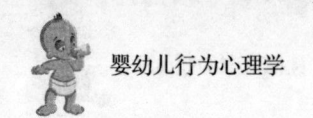

宝宝走来走去，爬上爬下

有一天，妈妈正在收拾东西，多多坐在地上的垫子上玩。妈妈在每个屋子里都收拾了很长时间，突然她一回头，发现多多正站在她的身后。妈妈非常惊喜，问多多："你是自己走过来的吗？"多多看着妈妈微笑着，妈妈忍不住把多多抱起来，对着多多的脸左亲亲右亲亲。妈妈把多多放在床上，多多却不愿意待在床上，他撅着屁股只想下地，妈妈又把他放在客厅的地垫上。这次，妈妈站在距离多多大概十几步远的地方，看着多多。多多仿佛下了很大的决心，这才又跌跌撞撞地朝着妈妈走过去。看着多多一路上几次都要摔倒，妈妈恨不得马上跑过去抱起多多。但是妈妈知道多多好不容易才学会走路了，她想让多多自主练习。

多多走路算是比较晚的，他已经一岁两个月了。和他差不多大的小朋友，有的十个月就会走路了，大多数都在一岁前后学会走路。看到多多这么长时间还不会走路，妈妈早就心急如焚了，所以当多多终于扑到妈妈怀中的那一刻，妈妈激动得热泪盈眶。她抱着多多给爸爸打电话："多多会走路啦，多多会走路啦！"爸爸在电话里激动得连声呼唤，恨不得当即就下班回家看多多走路。

这几天晚上，爸爸比平日都下班更早。他刚刚回到家里，就看到多多正踉跄着朝着他走过去，爸爸赶紧把包放在地上，蹲下去，张开双臂欢迎多多。多多扑到爸爸的怀里，爸爸抱着

多多举起来，一连声地夸赞多多。

孩子进入十个月之后，就产生了强烈的欲望，想要走路。有一些心急的孩子会扶着东西走路，也有一些孩子走路比较晚，所以他们会在一岁前后才学会走路，还有的孩子要一岁多才会走路。对于走路晚的孩子，父母是非常着急的，尤其是在看到同龄人都已经学会走路的时候，他们更是急不可耐。当孩子蹒跚着走向更为辽阔的世界时，妈妈总是提心吊胆的，一方面慢慢渴望着孩子能够独立行走，另一方面，妈妈看到孩子还那么小，就开始爬上爬下走来走去，心里总是悬着，生怕孩子会受到伤害。有一些妈妈甚至会阻止孩子上下楼梯、上坡下坡，因为担心孩子会摔倒。

实际上，当孩子学会走路之后，他们很快就会进入行走敏感期。他们最喜欢走那些不平的道路，例如，父母们都会发现孩子有平路不喜欢走，却偏偏要走上坡路或者下坡路。孩子不走开阔的地方，却偏偏喜欢爬楼梯，这是为什么呢？有的时候，爸爸即使想抱着孩子，孩子也不愿意让爸爸抱，还是想要自己去走路。他们一点都不怕累，对他们而言，不停地走路仿佛是这个世界上最有趣的事情。

看到孩子这样的表现，爸爸妈妈无须担忧。对于孩子来说，因为他们的身高比较低，所以即使摔倒也不会受到伤害，只要注意别让孩子在坎坷崎岖的道路上走，孩子就会相对安全。当发现孩子喜欢上下楼梯或者喜欢上坡下坡的时候，父母可以给孩子更多的机会去练习，如让孩子在平缓的草地上练习上坡或者是下坡，让孩子在楼梯上练习爬楼梯。有的时候，孩子在走路的时候还会专门走马路牙子，这也会让父母提心吊胆。

孩子的成长需要父母及时放手，如果父母总是把孩子看管得很紧，那么孩子就无法快乐地成长。明智的父母会尽早地对孩子放手，这样才能让孩子得到更多的机会练习走路，也才能让孩子在行走敏感期里提升走路的能力。很多父母都觉得孩子能力有限，实际上孩子的能力是很强的。随着不断成长，他们各方面的能力也在持续地提升，所以当父母渐渐地对孩子放手之后，孩子的自主行为能力就会越来越强。

很多父母都抱怨孩子有好路不走，非要走小路，有平坦的路不走，非要走崎岖的路，有省力的路不走，非要上坡和下坡。父母有这样的感触是正常的，但正是因为孩子正处于行走敏感期，所以才会有这样的行为表现。在行走敏感期内，孩子非常痴迷于走路，他们总是不停地走着，尤其喜欢上坡下坡。有的时候，他们即使摔跤了，只要不感到特别疼，也会对此不以为然，而是爬起来继续朝前走去。有一些孩子走路的能力特别强，甚至能走很远的路，即使父母已经觉得累了，他们也并不觉得累。看到孩子这样的表现，很多父母都觉得不可思议：孩子这么小，为什么每天都走那么多的路呢？难道他们不累吗？如果父母因为担心想要抱起孩子，孩子甚至会因此而哭闹起来。有些父母也会用小推车推着孩子走路，孩子却总想挣脱小推车。实际上，父母无须为孩子担心，孩子因为对走路怀着

浓厚的兴趣，所以他们走路的时候才丝毫不觉得累。和成人为了走路而走路不同，孩子是为了学习才走路，所以孩子走路更像是为了建立自己的存在感，为了证明自己的能力。

意大利大名鼎鼎的教育家蒙台梭利说，行走敏感期意味着宝宝的第二次诞生。的确，宝宝从呱呱坠地开始经历了抬头、坐起来、爬行的过程之后，终于学会了行走。行走意味着孩子生活的范围越来越大，意味着孩子可以带着自己去任何地方，标志着孩子真正地走向人生中的独立阶段。孩子在走路之后就拥有了截然不同的全新世界。

如果说以前孩子想要吃什么、喝什么，必须靠着父母去照顾他们，想要拿到什么东西，也要让父母给他们拿。那么，现在孩子可以随心所欲地走到自己想吃想喝的东西旁边，满足自己的欲望，也可以走到自己想要的东西旁边，拿起这些东西。正是在这些新鲜事物的引诱下，宝宝的独立自主性才会越来越强。他们会靠着自身努力成长，这是让宝宝感到非常骄傲和自豪的。

在宝宝的行走敏感期内，父母们要尽量为宝宝提供安全的环境，要保障孩子的安全，却不要阻止和限制孩子。宝宝成长的空间越大，他们的人生也就会越开阔。

如果父母总是把宝宝禁锢在狭小的空间里成长，那么宝宝各方面的能力都不能得到发展。有条件的父母还可以尽量给孩子创造爬上爬下的条件，这样一来，孩子就有了更多的机会去锻炼自己的行走能力，满足自己的需求和欲望。

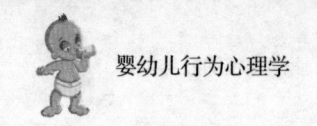

宝宝为何喜欢看大人洗澡

最近这段时间，远在老家的叔叔婶子来上海玩，就住在鹏鹏家里。鹏鹏是一个两岁的小男孩，他最喜欢看爸爸妈妈洗澡了。但是让妈妈万万没有想到的是，婶子洗澡的时候，鹏鹏也想看。

昨天晚上，婶婶问鹏鹏妈妈："嫂子，你现在洗澡吗？"妈妈说："我先不洗，你先洗吧。"婶婶说："那我就先去洗了。"说着，婶婶就带着洗漱用品去了卫生间。这个时候，正在客厅里玩得高兴的鹏鹏，突然放下手里的玩具，也跟着婶子跑到了卫生间里。婶婶正准备脱衣服呢，听到鹏鹏在外面使劲地敲门喊叫，不知所以地打开了门。这个时候，鹏鹏对婶子说："婶婶，我也要进去和你一起洗澡。"叔叔赶紧过来把鹏鹏抱起来，问："鹏鹏，鹏鹏！你要干什么呀？婶婶洗澡，你怎么能进去呢？害羞！"鹏鹏却哭闹起来，说："我不，我不！我就要进去！我要看婶婶洗澡！"这个时候，婶婶羞得满脸通红，赶紧把衣服穿得好好的，对叔叔说："要不，我待会再洗吧。"

回到客厅里之后，妈妈感到很尴尬，对婶婶说："这个鹏鹏不知道怎么回事儿，自从到了两岁之后，就特别喜欢看大人洗澡。他喜欢跟大人一起洗澡，又喜欢盯着大人看。"叔叔开玩笑地说："这家伙长大之后不会是个小色狼吧！"听他叔叔的话，妈妈脸色明显有些尴尬，这个时候，婶婶说："嫂子，

孩子喜欢看大人洗澡，是因为他们的性意识开始萌芽了，这是孩子正常的表现，没关系的。只要对孩子加以正确的引导，就肯定没问题。"

听了婶婶说的话，妈妈这才放下心来。妈妈说："我想起来了，你可是幼儿老师呀！你应该懂得幼儿心理学，鹏鹏这样子盯着大人洗澡，真的是正常的吗？"婶婶点点头，说："是的，可以给他看一些关于人体的绘画书，让他了解人体的一些器官，知道人体的构造。渐渐地，他对人体没有那么好奇了，也就不再喜欢看大人洗澡了。"

在婶婶的建议下，妈妈真的给鹏鹏买了两本人体书。在妈妈给鹏鹏讲解这两本人体书的时候，对于人体的各个部位，鹏鹏感到非常好奇。有的时候，他还会问妈妈这些部位有什么用，例如对于女人的子宫鹏鹏就很好奇。妈妈把女性子宫的作用告诉了鹏鹏，还说子宫就是鹏鹏的家呢。听了妈妈的解释，鹏鹏感到很满足。渐渐地，鹏鹏不愿意再跟爸爸妈妈一起洗澡了，即使偶尔和爸爸妈妈一起洗澡，他也不会再盯着爸爸妈妈看了。

两岁多的宝宝渐渐产生了性意识，所以他们才会喜欢偷看大人洗澡，这意味着他们在性意识的驱使下，想要了解人体，想要知道人到底是长得什么样子。在这个阶段，如果父母用"小流氓""小色狼"等语言给宝宝贴上标签，就会使宝宝的心理发展受到影响。面对宝宝这样的心理需求，父母一味地逃避也是不可行的。在这样的情况下，可以购买两本人体书，教宝宝认识人体的各种器官，告诉宝宝男人和女人在身体构造上是有很大不同的。这样就能够满足宝宝的好奇心，在好奇心得到满足之后，宝宝当然就不会再以偷窥的方式来满足自己的好奇心了。所以，爸爸妈妈要选择这样一劳永逸的方式来解决问题，既不要伤害宝宝的心理发展和成长，也不要对这个问题视而不见。

当然，对于这个问题，不同的妈妈采取的方式是不同的。有些妈妈在发现孩子喜欢偷窥大人洗澡之后反应过度，给宝宝贴上各种负面标签，使得宝宝在妈妈的责骂声中产生罪恶感，因而心理蒙上阴影。而有的妈妈则会顾左右而言他，刻意地回避这个问题，而不愿意告诉宝宝人体到底是怎么样的，更不愿意满足宝宝对人体的好奇心。这样会使宝宝更加好奇人体是怎样的，也不知道自己是否能够得到满足。

正如故事中的婶婶所说的，两岁多宝宝喜欢偷看大人洗澡，是性意识的萌芽。他们对人体感到非常好奇，想知道为什么男人和女人长得不同，也想知道人为什么会长成这个样子。很多妈妈在听说这个观念之后都觉得难以置信，她们认为宝宝还这么小，怎么会对如此深奥的问题产生好奇呢！实际上，这是正常的表现。每个新生命从呱呱坠地开始，就在整合自己的认知、感觉、心理和情感，从而实现自我的认同性。自我的认同性包括很多方面，其中就包括种族认同的同一性、性的统一性等这些方面。每一个统一性都必须经历漫长的过程才能够得以实现，所以在性的统一性的铸造过程中，发展自己的性能

力，接纳自己的性别特征，认可自己的性别特征，都是宝宝要做到的。

在成长的漫长过程中，宝宝对于性的认识获得了很大的进步。当宝宝对人的身体表现出浓厚的兴趣时，妈妈应该顺势利导，借此机会对孩子开展性教育。如今市面上有各种各样的绘本或者是适合不同阶段的孩子阅读的书籍，爸爸妈妈可以借助于书籍来为孩子开展科普教育，让孩子知道人体是非常神秘的，但是男性和女性并不神秘。在这样的过程中，宝宝会对性别意识有更好的认识，爸爸妈妈还可以借此机会对孩子进行隐私教育，让他们学会保护自己的隐私，尊重他人的隐私。只有在这些方面都做得很好的宝宝，才能够以平静的心态去接受性的存在，也才能改掉偷看爸爸妈妈洗澡的行为。

一个新生命从呱呱坠地到不断成长，需要经历漫长的过程。父母既要尊重孩子，也要给予孩子良好的对待。当孩子在特定的成长阶段表现出特定的心理特征时，爸爸妈妈要及时发现孩子的心理变化，也要发现孩子的行为异常，这样才能给予孩子更好的引导和帮助。

第五章 走入宝宝的内心世界，才能投其所好

很多父母只侧重于照顾孩子的吃喝拉撒，满足孩子的生理需求，而认为孩子还很小，他们的内心世界并不会那么丰富，也没有极具个性的喜好。实际上，这是父母对于孩子的误解。孩子也会有一些个人的喜好，这些喜好能够表现出孩子内心世界的独特和神秘，父母要重视宝宝的个人喜好，这样才能够走入孩子的内心世界。对于父母而言，对孩子开展的一切教育，都应该以与宝宝的沟通作为基础，并且要能够引领宝宝的内心。所以父母如果对宝宝足够了解，并且能够发掘出宝宝的兴趣爱好，那么，宝宝就将因为得到了因势利导的引导和帮助而受益一生。

行走的十万个为什么

周末,妈妈带着佳佳去公园里玩。从家里到公园要走两公里路,这一路上都是绿化带,所以妈妈很享受和佳佳一起走的这段路程。一路上,佳佳的问题非常多,她总是问个不停:妈妈,这是什么?妈妈说这是电线杆。那么,电线杆是做什么用的呢?是为了把电线架到空中。电线又是什么?电线是电流通过的一种载体。什么叫载体?妈妈,天空为什么是蓝色的?树叶为什么是绿色的?白云为什么是白色的?大地为什么是黄色的?这些问题常常会把妈妈难住。很多父母都会有这样的感受,那就是带着两三岁的孩子出门时,就像带着一个活动版的十万个为什么,总是提心吊胆的,不知道自己在何时就会被问住。此时此刻,佳佳妈妈正是这样的感受,她绞尽脑汁地回答了佳佳一个又一个的问题,却没想到佳佳的新问题接踵而至,仿佛无休无止。

妈妈好不容易才搪塞了佳佳。进入公园之后,佳佳兴奋地发现天上有飞机,原来是有人在放大型的无人机。佳佳赶紧跑到飞机下方站着,抬起头来看着天空中的飞机。这个时候,她又开展了提问模式,对遥控无人机的叔叔问道:"叔叔,这是什么?是飞机吗?"叔叔说:"这不是飞机,是无人机,飞机可比无人机大多了。""那么,无人机有什么用呢?""无

第五章 走入宝宝的内心世界，才能投其所好

人机的用场可大了，它可以拍摄照片，可以当侦察机，还可以飞到危险的地方当录像机用呢！"听到叔叔这样的回答，佳佳想了想，又不知满足地问道："那么，无人机为什么能飞到天空中呢？"叔叔说："因为无人机里面装满了电池，所以才有动力。""如果我装满了电池，我也能飞到天空中吗？"听到佳佳这样的问题，叔叔忍不住笑起来，说："那就要看电池有多大了。就像飞到天空中的火箭，它不但能够带着人飞到天空中，还可以带着很多养料和探测仪器呢！""那么，火箭是什么呢？火箭有什么用呢？"这个时候，妈妈来到佳佳身边，对佳佳说："佳佳，不要再问啦。这个问题留着晚上回去问爸爸，好不好？你没看叔叔正忙着呢吗？"妈妈说完以后又对操纵无人机的那位男士说："不好意思呀，孩子总是喜欢问来问去。"男士笑着说："没关系，孩子很可爱。小孩子就是对世界充满了好奇，他们喜欢提问，说明他们正在进行思考。"妈妈无奈地说："但是有时候，他们的问题真的很无厘头，让我们无法回答。"那位男士笑起来，说："我家里也有一个这么大的孩子，他每天也在不停地提问。我觉得他的很多问题都超出了十万个为什么的范围了。"妈妈深有同感，点了点头。

　　孩子在两三岁期间，随着行走能力的发展，他们活动的范围越来越大，所以他们会对这个世界充满了好奇。有一些孩子不管走到哪里，都会问到哪里。他们目之所及都是问题。而有些孩子则会挖空心思地问一些稀奇古怪的问题，这让爸爸妈妈都很难作答。但是没关系，正如事例中那位遥控无人机的男士

117

所说的，孩子喜欢提问，正意味着他们在思考。如果孩子从来也不提问，那么他们肯定不喜欢思考，而思考恰恰是孩子学习力的表现。

宝宝在进入询问期之后，他们的大脑快速发育，语言和智力水平也突飞猛进地得以提升。爸爸妈妈为了给予孩子更好的引导和帮助，应该把握住这个机会，千万不要对孩子的问题敷衍了事，更不要对孩子的提问感到厌烦。要知道，父母保护孩子的回答，给予孩子中肯的回答，这就是在保护孩子的好奇心。如果父母从来也不愿意给予孩子中肯的回答，而总是对孩子的提问怀着不耐烦的态度，那么，渐渐地孩子也就不愿意提问了。对于孩子而言，这当然是非常糟糕的。要知道，孩子还要经历漫长的学习过程呢，如果他们始终不愿意提问，有了问题只会埋在心里，或者甚至不愿意开动脑筋去提出问题，那么他们的发展就会受到限制。

古今中外，很多有成就的科学家都曾经是非常热爱提问的孩子，例如伟大的科学家爱迪生从小就喜欢提问。不管面对什么问题，他都有寻根究底的精神，非要问出自己想要的答案才能罢休。很多孩子都和爱迪生一样喜欢问为什么，由此可见，每个孩子都有潜质成为伟大的科学家。遗憾的是，只有极少数的孩子能够有所成就，只有凤毛麟角的孩子能够像爱迪生那样成为伟大的科学家，这是为什么呢？这就是因为父母对待他们提问的态度不同。有一些父母在孩子提问之后非常厌烦，打发孩子自己去玩，也让孩子不要再胡思乱想。父母这样的行为相当于折断了孩子想象力的翅膀,也让孩子的求知欲迅速降低。正确的做法是对孩子的每一个问题都慎重地对待,调动自己已有的知识和经验进行回答。

在回答孩子的过程中,还要注意开启孩子的思路,让孩子更加充满好奇。错误的做法就是让孩子不要胡思乱想,这相当于掐断了孩子的思路。如果遇到父母也不会回答的问题时,不要觉得尴尬,而是应该和孩子一起查阅资料,解决问题,还可以引导孩子以正确的方式来找到问题的答案,培养孩子独立解决问题的能力。这样做就能一劳永逸,使孩子在遇到问题的时候主动寻求办法,解决问题。

每个孩子对这个世界都充满了好奇,他们发自内心地想要探索世界的奥秘。父母应该成为孩子的引领者,保护孩子的好奇心,激发孩子的求知欲,这样才能让孩子在学习的道路上更快速地成长和进步。

宝宝为何只听一个故事

最近这段时间,皮皮迷上了听故事,每天晚上,他都要让妈妈讲故事给他听。但是让妈妈纳闷的是,皮皮每天晚上都要听白雪公主的故事,这是为什么呢?妈妈几次想讲其他的故事给皮皮听,但是都被皮皮拒绝了。皮皮毫不迟疑地告诉妈妈:我要听白雪公主!

今天晚上，妈妈已经把白雪公主的故事讲到第十遍了，妈妈都觉得有些厌烦了，所以她很想换一个灰姑娘的故事讲给皮皮听。然而，妈妈刚刚把灰姑娘的故事开了个头，皮皮就哭闹起来，还是要听白雪公主的故事。无奈之下，妈妈只好又把白雪公主的故事讲了一遍。

给皮皮讲完故事之后，妈妈回到自己的卧室里，对爸爸说："你儿子大概特别喜欢白雪公主，所以每天晚上都要听白雪公主的故事。我已经讲到第十遍了，明天还是换你去讲，因为我真不想再讲第十一遍了。"听了妈妈的话，爸爸忍不住笑起来，说："看来，这个小家伙遗传了我呀！和我一样都喜欢漂亮的女孩儿！"妈妈忍不住嗔怪爸爸："你就别贫了，还是了解了解你儿子为何只想听一个故事吧。我担心如果不阻止他，他能把这个故事听个几十上百遍。"

爸爸当即拿起手机百度起来。通过查找资料，他终于找到了答案。他对皮皮的妈妈说："哇，我知道为什么了！原来皮皮是在通过这种方式进行学习呀！"妈妈很纳闷："通过反复地听故事进行学习？"爸爸点点头，对着手机读起来："孩子正在不断地深化学习过程中，也要加深自己对于事物的理解和思考。这说明他每天都在成长。对于他来说，世界总是新鲜的。即使你每天都讲同一个故事给他听，但是他每天的经历和感受却是不同的，所以他依然会从这个故事里得到不同的收获。就像一千个人眼中就有一千个哈姆雷特，把这句话运用到孩子身上，就是一千个人眼中就有一千个白雪公主。所以，

第五章 走入宝宝的内心世界，才能投其所好

你不要觉得对孩子来说白雪公主是百听不厌，实际上，孩子早就从白雪公主这个故事中听到了不同的道理，有了不同的领悟呢。"爸爸这番话听起来很有道理，妈妈陷入了沉思。过了很久，妈妈才说："难怪在听白雪公主故事期间，他还提出过好几个不同的问题呢！当然，不是在同一天提出来的。看来，真是一千个人眼中就有一千个白雪公主。即便如此，明天还是由你来为他讲白雪公主的故事吧！换一个人讲，从女性的声音到男性的声音，我想他会有更深刻的感悟。"说着，妈妈就把白雪公主的书交给了爸爸，还叮嘱爸爸一定要讲得绘声绘色呢！

很多父母都会发现，宝宝喜欢反复地听同一个故事，乐此不疲。有的时候，父母讲故事都讲得厌烦了，但是宝宝却依然喜欢听这个故事。哪怕父母主动提出要为宝宝换一个故事，宝宝也非常不乐意，这到底是为什么呢？宝宝只听一个故事并不意味着宝宝不喜欢听其他的故事。对于宝宝而言，他们无法在听故事一遍之后就能够记住故事的情节，了解故事的深层含义。所以他们会通过反复听故事的方式来加深对于故事的了解，也领悟故事中蕴含的深刻道理。这让听故事只听一遍、看电影只看一次的成人往往觉得很难理解。成人只要认真地思考，就会发现即使在成人中也会有这样通过反复的方式学习的方法。例如，有一些成人特别喜欢看那些烧脑的悬疑片，因为这些悬疑片之中往往有很多的疑点和线索，在刚开始看影片的时候，人们对于这些疑点和线索并不会记得很清楚。但是大家看到结局恍然大悟的时候，就会意识到原来电影开始的部分隐

藏了那么多的伏笔。在这种情况下，他们就会选择再看一遍这部电影，甚至会一而再再而三地看这部电影。在此过程中，他们加深了对电影的了解，对于电影的主题也有了更深刻的领悟。最重要的是，他们的理解能力和鉴赏能力都得以提升。

可以说在每一次看这部电影的过程中，成人都得到了不同的感受和体验。如果说看第一遍时，他们只是在囫囵吞枣了解电影的梗概，那么在看第二遍的时候，他们就可以腾出更多的时间来抓住那些不为人注意的细节。在看第三遍的时候，他们就可以观察主人公的面部表情和肢体动作。在看第四遍的时候，他仍旧可以细细地琢磨故事中每个角色的语言。在看第五遍的时候，他们就可以理解故事中每个人物角色的深层次的心理和感情色彩。总而言之，不管一个人把一部电影看到多少遍，他们都能够从这部电影中得到学习。对于孩子而言，也同样如此。孩子每听一遍故事，都会有新的收获，也会有新的感悟。

在明白了孩子这样的心理和学习需求之后，相信爸爸妈妈们就不会再因为孩子总是反复地听一个故事而感到厌烦了。不要再觉得同一个故事是老生常谈，只要看一看孩子在听故事时津津有味的模样，父母们就会充满了动力，也应该调动自己的能力，把这个故事讲解得更生动。

成人不仅会在看一部非常复杂的电影时选择看好几遍，在读一些经典的文学作品时，他们也会选择再次回味。例如，一个女生在初中的时候读三毛的作品，也许只会对三毛和荷西浪

第五章　走入宝宝的内心世界，才能投其所好

漫的爱情故事表示憧憬，而在大学毕业后再来读三毛的作品，她们就能够关注到三毛所深入生活的撒哈拉沙漠。等到人生有了更丰富的阅历之后再来读三毛的作品，她们就能够感受到三毛作品中淡淡的忧伤和绝望的无奈。总而言之，阅读就是仁者见仁，智者见智。同一部作品，当读者拥有不同的人生经历和情绪感受的时候，这部作品就会让读者有不同的收获。对于宝宝而言，他的整个世界就是故事的世界。那么，当宝宝的世界在变化的时候，故事的世界也会不停地变化。所以面对宝宝要求听同一个故事的请求，父母千万不要厌烦，更不要在给孩子讲故事的时候采取敷衍了事的态度。不管把一个故事讲到多少遍，父母都一定要耐心地为孩子讲。并且要知道，孩子在听故事之后的所思所想所感，为了拓宽孩子的视野，让孩子愿意从更多的文学作品中汲取精神的营养，父母还可以引导孩子阅读更多的文学作品，这样孩子才能更加充满智慧，也才能健康快乐地成长。

爱涂鸦的小宝宝

小鱼特别喜欢画画。她已经六岁多了，画起画来非常老练，线条很流畅，而且用色也非常惊艳大胆。有的时候，她还能画出独特的意境。每次看到她画画，其他人都忍不住啧啧赞叹，觉得她真的非常有画画的天赋。经常得到这样的夸赞，小鱼也渐渐地骄傲起来。尤其是小鱼的妈妈，更是以培养一个小画家作为自己的目标。

才进入一年级没多久，小鱼就代表班级参加了学校里的绘画比赛，居然取得了第一名的好成绩。后来，期中考试结束，老师组织并且召开了家长会。在家长会上，小鱼分享了画画的经历，而妈妈则应老师的邀请，和其他爸爸妈妈们分享培养小鱼画画的经历。妈妈分享了小鱼的很多趣事，尤其讲了小鱼画画给她带来的烦恼。

从三岁多开始，小鱼就特别喜欢拿着笔到处乱写乱画。她不仅画在画纸上，而且还画在衣服上、床单上、沙发上、墙壁上，甚至连家里的餐桌上都留下了她画的画。那段时间，因为妈妈一直忙于工作，爸爸也经常出差，所以爷爷奶奶对小鱼非常放任。小鱼可以在家里每个地方随意地乱画。

有一天，妈妈下班回到家里，发现自己卧室的墙壁上也被小鱼画满了，她感到非常恼火而又崩溃，但是她知道自己没有时间陪伴小鱼，小鱼非常寂寞，所以她没有批评小鱼。后来就是在这样散养的状态下，爸爸妈妈索性决定等小鱼再长大一些，进行全部墙壁的重刷，所以他们也就不再刻意地阻止小鱼在墙上画画了。大概过去了一年多时间，小鱼四岁多了，她越来越懂事。妈妈告诉她："要把画画在纸上或者画板上，而不要到处乱画。"就这样，小鱼渐渐地改掉了四处乱画的习惯。妈妈给她买了很多画纸，还给她买了大大的画板。看着小鱼画画的想象力非常丰富，对于线条的运用也越来越熟练，妈妈庆幸自己没有因为小鱼四处乱画而打击小鱼。

妈妈说到这里的时候，下面的家长们全都议论纷纷。有的家长说，我们家孩子也喜欢乱画，不过我可没有你这么宽容，每当看到孩子把家里画得乱七八糟的，我就会狠狠地批评他，虽然他不再乱画了，但是他对画画的热情似乎也被我浇灭了。听到这个家长非常诚恳地进行自我反省，妈妈对他竖起了大拇指，说："既然您能知道问题的所在，那么您一定会做得更好。"

在妈妈分享之后，老师也对家长们说："家长们，孩子会有很多方面的天赋，我们作为父母，应该挖掘出孩子的天赋，也要发现孩子身上的闪光点，而不要去压制孩子。小鱼的画画水平是非常高的，而且她对画画的热爱是源自心底的，所以她才能够在绘画上有这么多的收获。这一切，都离不开妈妈对她的爱与支持。衷心希望我们每一位家长都能够看到孩子的闪光点，也支持孩子发展他们的特长，这样孩子才会成长得更好。"老师的话很有道理，家长们全都情不自禁地点起了头。

孩子从三岁多进入书写敏感期，他们并不知道有些地方是不能画的，而是以为自己想在哪里画就能在哪里画画。所以很多父母都曾经因为孩子胡乱涂鸦而感到烦恼，尤其是家里的墙壁和洁白的家具，一旦被孩子画上颜色，想要擦掉都很难。那么，父母们要怎么做呢？禁止孩子随意乱画，会打消孩子画画的积极性。任由孩子四处乱画，家里就会被画得乱七八糟。其实，如果家里很大，有条件给孩子固定的绘画空间，父母可以为孩子准备一面绘画的墙。即使家里小一些，父母也可以给孩子准备画板和画纸，这样孩子在画画的时候就有地方可画，就不会四处留下大作了。

每个宝宝天生就是小画家，他们总是喜欢乱写乱画，尤其是在进入书写敏感期之后，他们就更喜欢会假装自己在写什么，甚至拿着笔在各个地方留下自己的大作。那么，宝宝的书写敏感期是从什么时候开始的呢？宝宝的书写敏感期是从三岁半左右开始的。当宝宝到了三岁半的时候，再加上他们做出了明显的绘画举动，就意味着他们已经正式进入了书写敏感期。

在书写敏感期内，如果宝宝能够满足自己的书写需求，不但可以让手眼协调的能力得到增强，还能为将来的书写奠定良好的基础。对于宝宝而言，他们不管是写还是画，都是一种游戏，也是一种行动。他们并不希望在绘画的过程中得到非常好的结果，他们其实更加享受涂涂画画的过程。在这个过程中，他们在精神上能够得到满足，内心也会感到非常快乐。最重要的是，当他们可以随意地写写画画时，他们对绘画的兴趣就会越来越高。所以父母在了解孩子喜欢涂鸦的原因之后，不要禁止孩子，也不要责怪孩子，而是应该保护孩子对于绘画的兴趣，让孩子在书写敏感中得到能力的锻炼和提升，这样孩子将来才会更加热爱绘画和书写。

具体来说，父母应该做到以下几点。首先，在发现宝宝胡乱绘画，并且很骄傲地把自己绘画的成果展现给父母看的时候，父母要积极地认可孩子，给予孩子一定的鼓励。在这种时

刻切勿斥责或者是禁止孩子画画，否则孩子就会因为受到批评而感到非常沮丧。有的时候，父母对于孩子所画的一个简单的线条，或者一个小小的点，并不认可，甚至会为此而感到可笑。但是切勿当着孩子的面笑出来，因为孩子的自尊心是很强的。他们会认为自己遭到了父母的嘲笑，甚至从此不再绘画。不管是多么简单的作品，都是宝宝的画作，所以父母一定要给予宝宝积极的认可，并且最好能够蹲下来，和宝宝一起从宝宝的视角来欣赏他的画作。相信在得到父母的认可和肯定之后，宝宝在绘画方面的热情会越来越高。

其次，为了避免宝宝乱写乱画，扰乱家中的环境，父母可以为宝宝开辟专门的绘画天地，或者是营造适合宝宝画画的环境。父母可以告诉宝宝一些道理，三岁半的宝宝已经具备一定的理解力，父母可以告诉宝宝可以在哪里画画，不能在哪里画画。只要父母坚持教育宝宝，宝宝就会知道自己绘画的天赋。

虽然处于书写敏感期的时候，宝宝对于书写的热情和画画的热情都空前高涨，但是他们依然需要得到外部的助力。为了保护孩子的热情，父母除了不能批评孩子之外，还应该成为孩子的好榜样。例如在孩子写写画画的时候，父母可以在孩子身边写字或者是画画，这样孩子就会受到父母积极的影响，也会很乐意与父母一起做这件有趣的事情。需要注意的是，宝宝在绘画敏感期之中，父母千万不要急于求成，只要让宝宝自由地写写画画就好，而不要去纠正宝宝的书写方式，更不要试图培养宝宝书写的习惯。毕竟对于宝宝而言，他们现在并没有正式

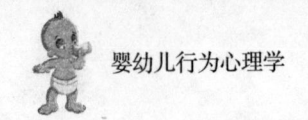

地开始书写，而只是在表达自己对于书写的热情。

兴趣是最好的老师，对于处于书写敏感期的孩子来说，他们对于书写的兴趣则会成为巨大的力量，推动着他们不断发展。在这个时期里，爸爸妈妈不要给孩子泼冷水，更不要浇灭孩子的热情，而是要给予孩子强大的助力，为孩子提供更为便利的条件，让宝宝在这个特殊的时期里健康快乐地成长。

宝宝喜欢抱着毛绒玩具睡觉

安静是一个非常安静的小姑娘，她才两岁多，非常乖巧可爱，说话的声音很温柔，而且她特别和善，和小朋友在一起玩的时候，对小朋友很友好。安静在小区里是一个受人欢迎的孩子，很多小朋友都喜欢和安静玩。但是让小朋友们感到纳闷的是，他们不管和安静在一起做什么游戏，安静的怀抱里总是抱着一个毛绒做成的小兔子。

有一天，安静和小朋友们一起玩捉迷藏的游戏。捉迷藏需要跑来跑去，但是安静却要腾出手来一直抱着小兔子。这让小朋友们感到很奇怪。有的小朋友建议安静把兔子交给妈妈抱着，安静却摇摇头表示拒绝。这个时候，站在一旁的其他小朋友的妈妈对安静妈妈说："你家安静可真喜欢小兔子，每次看到她，她都在抱着这个小兔子。"妈妈说："的确，她非常依恋这只兔子。不管是早晨起床，还是晚上睡觉，都必须抱着兔

子。我几次三番想让她把兔子留在家里，然后出来玩儿，她都不同意。我觉得她这种现象好像不太正常，但是并不知道这到底是怎么回事，也不知道应该去哪里求助。"

一位妈妈说："看起来，这是一种依恋状态。很多人都喜欢这种毛绒玩具。我记得以前看过一部电影，电影里的女主角必须抱着毛绒冬瓜才能入睡。不管去哪里，她都要带着毛绒冬瓜。如果出差旅行的时候忘记带毛绒冬瓜，她就会睡不着觉。"安静妈妈惊讶地说："天呐，都已经能出差了，长大成人了，还这么依恋吗？我可不希望我们安静不管去哪里都抱着这只兔子。要是安静长大了之后还这么做，肯定会招人嘲笑的。"那位妈妈说："其实也没有关系，这是孩子的一种依恋状态，我觉得可能还是与缺乏安全感有关系。你如果想帮助安静，改掉这个习惯，可以带她去看心理医生，心理医生应该能够解决这个问题。"

受到这个妈妈的启发，安静妈妈意识到她的确应该带着安静去看看心理医生。毕竟对于安静来说，一直抱着这个兔子可不是一件能够实现的事情。现在安静还没有上幼儿园，还可以在家里抱着兔子，那么等到有朝一日她进入幼儿园，或者说幼儿园毕业之后进入一年级开始上学，怎么可能每时每刻都抱着这只兔子呢？

后来，妈妈带着安静去看了心理医生。心理医生对妈妈说："安静之所以这么喜欢这个兔子，是因为她缺乏安全感，也说明她正在从完全依恋转为完全独立。"心理医生并不建议

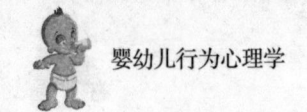

妈妈强行把这个兔子从安静的身边拿开,而是可以让安静在小时候从这个毛绒玩具身上得到足够的安全感。与此同时,心理医生也建议妈妈要多多陪伴安静,经常拥抱安静,从而帮助安静顺利地度过这个阶段。

医生的话给了妈妈很大的启发。妈妈恍然大悟地说:"我明白孩子为什么总是抱着这只毛绒兔子了。有一段时间,我因为工作特别忙,所以把她送到奶奶家过了两个月。在奶奶家,她哭闹不止,我就邮寄了这只兔子给她,并且告诉她兔子可以代替妈妈陪伴她。从此之后,她就离不开这只兔子了。"

心理医生说:"这是完全符合孩子的心理特点的。你应该更多地陪伴孩子,渐渐地,孩子就会不再那么依恋兔子了。"得到心理医生有效的建议之后,妈妈知道自己该怎么做了。她把工作进行了合理安排,腾出了更多的时间全心全意地陪伴在安静的身边。果然,安静不再那么依恋兔子了,而是越来越喜欢和妈妈在一起。

安静之所以特别依赖这只毛绒兔子,就是因为她有一段时间离开了妈妈的身边,所以缺乏安全感。正好在此期间,兔子来到了她的身边,因而她就把对妈妈的依恋转移到了毛绒兔子身上。孩子一切异常的行为背后都是有心理原因的,作为父母,要认真细致地观察孩子的行为表现,这样才能给予孩子更好的照顾。

大多数宝宝在六个月到三岁之间会对一些毛绒玩具情有独钟,他们会特别喜欢自己的某一个小被子,特别喜欢小熊、小

狗、小猫等毛绒玩具。不管去哪里，他们都会把这些毛绒玩具抱在怀里。如果妈妈把毛绒玩具拿开，孩子们就会哇哇大哭。很多父母看到孩子这样的行为表现，都会觉得这是异常的，因而会强迫孩子把毛绒玩具交出来，把毛绒玩具带离孩子的身边。这么做非但不能增强孩子的安全感，反而会使孩子感到更加紧张不安。对于孩子而言，他们只是想从这些触感柔软的玩具之中获得安全感。当他们在此期间获得安全感，就能够从完全依恋转为完全独立。那么，在此过程中，如果妈妈能够更多地关注宝宝，给予宝宝一些亲吻和拥抱，那么宝宝的安全感就会越来越强。

很多妈妈都会抱怨，孩子在小时候还是很好带的，只要满足孩子吃喝拉撒的需求，陪着孩子一起玩耍就行。但是随着不断成长，孩子的异常行为会越来越多，孩子的烦恼也会随之增多。例如，孩子们对于某个物体特别依恋，往往会让妈妈感到很担心。从心理学的角度来说，孩子在成长的过程中都是需要安全感的，他们总会对某些物体产生依恋，所以妈妈无须强制改变孩子这样的行为。通常情况下，大多数对物品有强烈依恋的孩子，都是因为没有从妈妈那里获得足够的陪伴，也没有得到足够的安全感。如果妈妈有更多的时间陪伴在孩子的身边，让孩子感受到妈妈的爱，那么他们就不会那么依恋某些物品了。然而，现实情况却是，很多妈妈在宝宝才四个多月的时候，就不得不结束产假，回到工作岗位。宝宝虽然还不会说话，但是他们突然之间在一整天的时间里都看不到妈妈的身影，一定会感到强烈不安。尤其是在夜晚到来的时候，宝宝既想睡觉，又担心自己看不到妈妈，所以他们就会更加紧张和焦虑。在这种情况下，他们可以从这些毛绒玩具上获得安全感。作为妈妈，应该抓住这个时期，帮助宝宝建立安全感，让宝宝渐渐地走向独立。具体来说，妈妈要做到以下几点。

首先，为了避免孩子对某一个物品特别依恋，妈妈可以多找一些替代品来给孩子，让孩子对很多的物品都能产生好感，这样他们就不会只对某一种物品产生强烈的依赖感了。其次，在平日的生活中，妈妈可以多多抽出时间陪伴在孩子的身边，也可以把孩子抱在怀里，抚摸孩子的头部和背部，这样能够满足孩子的皮肤饥饿。有的时候，孩子哪怕犯了很严重的错误，妈妈也不要严厉地训斥孩子，更不要把孩子从自己的怀里推出去，而是要把孩子揽在自己的怀里，给予孩子安全感，也发自内心地敞开怀抱来拥抱孩子，让孩子减轻焦虑。最后，每当夜幕降临的时候，孩子即将入睡，妈妈不要把孩子独自留在黑暗的空间里，而是应该陪伴在孩子身边，可以一边抚摸孩子，一边给孩子讲故事，陪伴着孩子渐渐入睡。等孩子睡着之后，妈妈再离开，这样孩子就不会那么不安。

总而言之，每一个孩子的成长都离不开父母的爱和照顾，所以父母一定要给予孩子更多的时间，毕竟养育孩子是一个漫长的过程，如果不能在孩子童年时期为孩子奠定人生的基础，那么孩子将来的成长就会面对更多的问题。

第五章 走入宝宝的内心世界，才能投其所好

宝宝喜欢和大孩子在一起玩

龙龙才一岁多，刚刚学会走路，走起路来跟跟跄跄的，常常会摔倒。但是，龙龙并不喜欢和与他同龄的小朋友坐在沙坑里玩沙，也不喜欢和小朋友们一起玩玩具，而只喜欢跟在大孩子后面当跟屁虫。尤其是当表哥来到家里的时候，龙龙就会非常兴奋，他虽然说话还说不利索呢，但是对于五岁的表哥，他却非常热情。他会把自己的玩具拿给表哥玩，也会把自己喜欢吃的零食送给表哥吃，使劲地往表哥的手里塞。对于龙龙这样的热情，五岁的表哥常常表现出不耐烦。即使表哥开始玩电子游戏，龙龙也会在一旁用心地看着，保持安静，时不时地还会兴奋地拍打表哥两下。看到龙龙这样的表现，妈妈感到很纳闷，说："这个孩子就喜欢当小跟班，却不愿意跟同龄的孩子玩，不知道到底是怎么回事儿！"

听到妈妈的话，爸爸说："还记得你小时候总是喜欢跟在你哥身后当尾巴吗？我可是听你哥说过他比你大五岁，根本就不喜欢跟你玩，但是他不管去哪里，你都要跟着。如果不让你跟着，你就会哭。"妈妈听到爸爸说起她的陈年往事，忍不住哈哈大笑起来，说："看来这是遗传，天生就喜欢当小跟班的。"爸爸说："这可不是小跟班，其实小孩子之所以喜欢跟大孩子一起玩，是因为他们很崇拜大孩子。在跟大孩子一起玩的过程中，他们也会得到学习和成长。"听到爸爸把当小跟班这个举动解释得这么高大上，妈妈对此产生了兴趣，赶紧去查

133

找资料。果然，爸爸说的是有一定道理的。原来，孩子之所以屁颠屁颠地跟在大孩子后面玩，哪怕被大孩子欺负也不愿意离开大孩子，就是因为他们很崇拜大孩子，想向大孩子学习，提升自己各方面的能力啊！

知道了龙龙为何喜欢和大孩子玩之后，看到龙龙屁颠屁颠地跟在大孩子后面，被大孩子嫌弃，偶尔还会被大孩子欺负，妈妈就不会那么气急败坏地想要带着龙龙离开了。妈妈要做的就是保证龙龙不会发生危险。在保证龙龙安全的前提下，妈妈会经常带一些零食分享给小朋友们，这样那些大一些的小朋友才愿意带着龙龙一起玩。

人们常说，每隔三岁就有一个代沟，这句话在成人的身上得到了充分的验证。那么在孩子身上相差三岁，是否会存在代沟呢？当然不会。很多孩子都喜欢跟比自己大的孩子玩，也很愿意跟在大孩子后面当跟屁虫。哪怕大孩子驱赶他们，不愿意带着他们玩，他们也对此乐此不疲。那么，孩子为何不喜欢和同龄的小朋友玩呢？这是因为孩子有很强的学习欲望，也渴望自己能够得到进步和成长。对于年幼的孩子来说，大孩子会做的事情都是他们所不会做的，例如大孩子可以快速奔跑，小孩子喜欢跟在大孩子后面追赶；大孩子会滑滑梯，小孩子却爬不上滑梯，必须靠着爸爸妈妈帮助才能爬上滑梯；大孩子会用沙子雕塑出各种各样的造型，小孩子却不能随心所欲地做好这些事情。在看到大孩子做出这些自己所不能做的事情时，小孩子就会对大孩子非常佩服，也会更加崇拜。正因为如此，小孩子

第五章　走入宝宝的内心世界，才能投其所好

才会愿意跟在大孩子身后，哪怕被大孩子欺负了，他们哭一会儿，又会忘记不开心的事情，再次跟在大孩子身边。但是看到小孩子被大孩子欺负，虽然小孩子本身并不介意，妈妈却非常介意。妈妈们看到自己捧在手心里长大的宝宝被大孩子欺负，总是特别心疼，又担心大孩子不知道轻重，会让宝宝受伤，所以很多妈妈都会试图阻止小孩子跟着大孩子玩。

毋庸置疑，年幼的孩子跟随大孩子在一起玩的时候，的确会有受伤的风险。这是因为大孩子虽然大，但也顶多三四岁、五六岁，并没有大到可以监管小孩子。所以当小孩子和大孩子在一起玩的时候，爸爸妈妈一定要做好小孩子的安全保护工作，在保证孩子安全的情况下，让孩子跟着大孩子去学习一些东西。曾经有一位教育学家说过，没有任何人能够取代同龄人在孩子成长过程中的重要作用，其实我们也可以把同龄人的范围放宽，不要局限在年龄一样大，而是可以在一个范围内，比方说大三到五岁。这样一来，孩子就可以以大孩子为自己的榜样，发挥他们超强的模仿能力，像大孩子一样做出言行举止，让自己的语言能力和社交水平都得到提升。而且在与大孩子一起玩的过程中，原本略显笨拙的小孩子在身体动作方面也会更加协调、更加灵敏，这对他们而言当然是巨大的进步。

既然知道了小孩子跟着大孩子一起玩会有这么多好处，也能够得到快速成长，那么妈妈应该如何做才能既保证孩子的安全，又让小孩子和大孩子一起玩得很开心呢？那么，要做到以下几点。

首先，要培养宝宝有主见。很多宝宝都缺乏主见，尤其是他们在日常成长的过程中，总是习惯于接受爸爸妈妈无微不至的照顾，做出一切的决定或者是选择的时候，也会听从爸爸妈妈的意见，这使得他们在和大孩子在一起玩的时候，因为没有主见会非常被动。妈妈应该多多提供机会让宝宝独立自主，对于那些宝宝可以做主的事情，妈妈可以引导让宝宝自己做决定解决问题。如果宝宝需要配合，妈妈应该全力配合宝宝。当爸爸妈妈坚持这么去做的时候，宝宝就会更加独立自主。那么在和大孩子在一起玩的时候，如果有一些意见上的分歧，他们也会更加积极努力地坚持主见，试图说服大孩子。这样成长的宝宝，即使长大成人之后也会很有主见，而不会因为别人轻易改变自己的想法。他们会坚持自己认为正确的事情，在做事情的时候也更有决心和毅力。

其次，如果宝宝只适合和某一个大孩子在一起玩，那么他们就会出现交往面狭窄的情况。妈妈可以尽量多带宝宝出去玩，鼓励宝宝和不同年纪的孩子在一起交往，因为不同年纪的孩子行为举止的表现能力是不同的。在此过程中，妈妈可以教会孩子与不同年龄的孩子交往的基本技能，要培养孩子讲礼貌，还要教会孩子如何与其他小朋友在一起愉快地玩耍。当然，妈妈不要本末倒置，对于孩子而言，最重要的就是要学会与同龄人交往。毕竟孩子将来在进入幼儿园和小学之后，他们身边都是同龄人，所以与同龄人友好相处对于孩子而言才是最重要的能力，也有助于孩子的成长和进步。

再次，要避免宝宝被欺负。这里所说的欺负不是说孩子在一起玩耍无意间做出的伤害行为，而指的是不要被其他人恶意地欺负。欺负主要包括三个方面，第一个方面是在情感上遭到欺负，第二个方面是在语言上遭到欺负，第三个方面是被在肉体上被人欺负。那么在情感上被欺负，例如有些大点的孩子，因为不喜欢和年纪小的孩子玩，所以会撺掇其他孩子都孤立小孩子。这对于小孩子而言将会是一种情感上的伤害。语言上的欺负，例如嘲笑、讽刺等都会让宝宝的心理受到伤害，也有可能会损害宝宝的自尊心。第三个方面是肉体上的欺负。有些大孩子的力气比较大，会咬人打人。那么遇到这样的孩子，爸爸妈妈要让宝宝远离，因为宝宝毕竟年纪小，不能很好地保护自己。虽然我们要让宝宝有更宽的社交面，但是却不能让宝宝受到伤害，这是最基本的原则。

最后，很多年纪小的宝宝都喜欢跟在大孩子后面跑，大孩子跑得非常快，体能更强，那么大孩子在跑动的时候，因为玩得开心，很少会关注到小孩子，所以很容易会把小孩子撞伤。为了避免这样的情况发生，爸爸妈妈要跟在宝宝的身边保护好宝宝，否则就会使宝宝受到伤害。毕竟爸爸妈妈不能要求所谓的大孩子——那些三四岁、五六岁的孩子来注意保护宝宝，在任何时候，爸爸妈妈都要尽到监护人的责任，给予宝宝更周到的保护。

总而言之，孩子也是社会的一员，也需要在人群中生活。他们不可能一直留在家里，所以爸爸妈妈要给孩子一个开放的

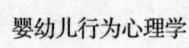

环境,让孩子在成长的过程中有更好的表现,也得到更多的快乐。

家有人来疯,爸妈怎么办

贝贝是一个很活泼可爱的孩子,他也非常懂礼貌。但是唯独有一点,每当家里来客人的时候,他总是热情得过了头,常常挡在爸爸妈妈面前去招待客人,又做出各种花样来折腾客人。有些客人在来过贝贝家一次之后,就不想再来贝贝家里做客了。看到贝贝这样的表现,爸爸妈妈几次三番地提醒贝贝,但是都没有什么效果。

这个周末,舅舅带着女朋友思雨来贝贝家里做客,这还是思雨第一次来家里做客呢!听说思雨是个研究生,专门学习教育学,所以妈妈对思雨非常看重,还专门准备了一桌丰盛的饭菜,准备招待思雨呢。

舅舅和思雨早早地来到家里,思雨一进家,就把自己给贝贝买的零食和玩具都送给了贝贝,贝贝非常开心地收下了。思雨长得很漂亮,说起话来柔声细气,所以贝贝就更加喜欢思雨。正当舅舅在厨房里帮着妈妈择菜洗菜的时候,贝贝跑到思雨面前,拿出自己的相册给思雨看。贝贝的相册里有舅舅和前女友抱着贝贝的合影,看到自己的男朋友身边站着另外一个女孩,思雨忍不住问贝贝:"贝贝,这个女孩儿是谁呀?"贝贝

不假思索地说:"这是我另外一个舅妈呀!"听到贝贝这么说,思雨的脸色马上变了。正好妈妈从厨房里走出来,听到了贝贝的这句话,赶紧过去把相册收起来,对思雨解释道:"这是我弟的前女友,因为一些原因分手了。现在他的心里只有你,我也该把这张照片收起来了。"听到妈妈这么说,思雨的脸色才由阴转晴。

吃饭的时候,贝贝坚持要坐到思雨的身边,还说自己要当好小主人,招待好客人。妈妈做了最拿手的黄焖鸡,贝贝颤颤巍巍地用勺子挖起一块黄焖鸡,想要送到思雨的碗里,却没想到一不小心把黄焖鸡撒到了思雨的身上。看到思雨的高档裙子上留下了污渍,妈妈非常尴尬。这个时候,妈妈让贝贝坐到她的身边去吃饭,还拿出纸巾给思雨擦拭衣服。但是贝贝坚持不去,结果接下来的一顿饭,贝贝总是接二连三地捣乱。看到贝贝这样,舅舅离开的时候心有余悸地对贝贝妈妈说:"姐,我以后可不敢来你们家了,一会儿再给我搅黄了。"妈妈忍不住哈哈大笑起来。

生活中,很多孩子都有贝贝这样的表现,每当家里来客人的时候,他们就会特别兴奋。他们一方面看到客人觉得很新奇,另外一方面又想在客人面前好好表现。也有一些顽皮的孩子还会在客人面前做出一些不合时宜的举动,例如对着客人打枪,或者是在客人面前跑来跑去,爬到客人的身上。每当出现这样的情况时,父母总是感到特别尴尬,但是当着客人的面又不好严厉地训斥孩子,也没有办法让孩子保持安静,这可怎么办呢?

对于孩子在客人面前特别热情和过于调皮的这种行为,人们一般将其称为人来疯。那么,当知道家里的孩子容易人来疯的时候,在客人到来之前,父母就应该和孩子先商量好如何招待客人。为了让客人能够得到更好的做客体验,父母可以预先为孩子安排好一些事情,让孩子能够更加专注地在一旁做事,这样就不会打扰客人了。

大多数孩子之所以出现人来疯的现象,就是因为他们在客人面前的表现欲非常强,所以父母也可以创造机会,满足孩子的表现欲。这样既让孩子得到机会展示自己,也能够让孩子对待客人更有礼貌,从而起到一举两得的作用。

从心理学的角度来说,人来疯是孩子特有的心理现象,指的是孩子在看到客人来到家里或者是去到客人面前的时候,就会高兴得发疯。孩子之所以出现人来疯的现象,既有客观的原因,也有主观的原因。客观的原因是因为家里很少来客人,所以一旦有客人到来,孩子就会特别想表现。主观的原因是孩子有很强的表现欲,他们希望在客人面前好好表现,从而得到客人的认可和鼓励。通常情况下,人的神经活动有两个基本的过程,即兴奋和抑制。宝宝的神经发育还没有成熟,不能够平衡自己的兴奋和抑制的过程,所以当他们置身于喧嚣的环境之中,又产生了很强的表现欲时,就会变得异常兴奋。在很短的时间内,宝宝是无法控制好自己的,又因为当着客人的面,父母没有办法管教孩子,所以孩子人来疯的现象就会变本加厉。

第五章 走入宝宝的内心世界，才能投其所好

当然，人来疯并非只有消极的一面，也会有积极的作用，所以父母要巧妙地利用孩子会来疯的心理特点，及时地化解尴尬，也要教会孩子懂得待客的礼仪，让孩子更加受人欢迎。

首先，在客人来到家里之前，父母要先和孩子进行沟通，给孩子打好预防针，要告诉孩子这个客人是什么人，并且要教会孩子如何礼貌地对待客人，如何克制自己不要在客人面前过度表现。当然，不要禁止孩子出现在客人面前，否则孩子会更加着急，可以安排孩子做好招待客人的工作，例如给客人端茶倒水、送上水果等。等到孩子做完这些事情之后，孩子就可以安心地去自己的房间里看书，或者是玩耍。当然，当孩子完成这件事情非常好的时候，父母也可以给予孩子一定的奖励。

其次，有些家庭生活非常枯燥无聊，家里很少来客人，那么孩子一旦看到家里来了客人，就会非常兴奋。所以父母要尽量让家庭生活多样化，可以经常带着孩子去其他人家里做客，也可以经常邀请其他人来自己家里做客。孩子见到的人越来越多，他们就不会再出现人来疯的情况，而经常亲自招待客人，孩子也会越来越懂礼貌。

最后，当客人到来的时候，一旦孩子出现人来疯的表现，父母就要冷静处理。切勿当着客人的面批评孩子，这会让孩子觉得伤害自尊心，也会让孩子感到非常沮丧。父母可以创造机会让孩子在客人面前表现，例如让孩子背诵一首古诗词给客人听，或者唱一首歌给客人听，还可以让孩子当着客人的面跳一支舞。这样就能满足孩子的表现欲。当孩子表演完之后，父母

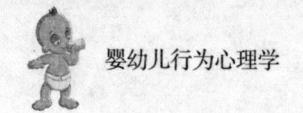

要带头表扬孩子，满足孩子的想要得到认可和表扬的心理。在这样的情况下，再让孩子去做自己的事情，安静地玩耍，孩子往往会比较配合。

凡事有利就有弊。对于父母而言，不要因为孩子人来疯就对孩子有特别的看法，毕竟孩子处于特殊的成长阶段，做出人来疯的举动也是正常的。父母要更加理性地看待孩子人来疯的行为，也要分析孩子为何会出现人来疯的表现。在此基础之上，再有的放矢地解决问题，满足孩子的表现欲，或者为孩子创造更为热闹的家庭生活环境。相信在父母的努力下，孩子一定会越来越懂礼貌，也能够更好地招待客人。

第六章 解读宝宝的身体姿态，解开宝宝的心灵密码

虽然小宝宝还不会说话，不能用语言表达自己的心意，但是他们的身体姿态是非常丰富的。每当产生某种想法的时候，宝宝为了表达自己的需求，就会做出不同的身体姿态，这些身体姿态可以向父母传递信息。与此同时，宝宝也期待着当父母接收到他们传递的信息之后，能够及时地对他们做出反应。父母如果能够破解宝宝的身体姿态代表的含义，知道宝宝心中隐藏的秘密，就可以更加细致周到地照顾宝宝，也及时地满足宝宝的各种需求。

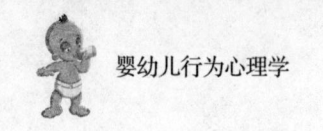

宝宝，你是小袋鼠吗

自从生下洋洋之后，妈妈就辞掉了工作，留在家里专心致志地抚养洋洋。洋洋爸爸对于妈妈当全职妈妈是非常支持的，他很努力辛苦地在外面打拼，只为了给妈妈和洋洋提供更好的生活条件。但是在带着洋洋几年之后，妈妈却感到非常烦恼，这是因为洋洋马上就要上幼儿园了，可是他却不愿意离开妈妈的身边。哪怕妈妈送洋洋去上亲子课程，偶尔离开洋洋的身边一会儿，洋洋就会特别烦躁。

原本妈妈以为洋洋在陌生的环境里不愿意离开她，是因为感到害怕，但是在家里，洋洋也不愿意离开妈妈的身边。他比任何时候都更愿意黏着妈妈，不管妈妈正在吃饭还是正在睡觉，他都守在妈妈的身边。有的时候妈妈在忙着做家务，洋洋也会像一个小尾巴一样，拉着妈妈的衣襟，跟在妈妈的身后。看到洋洋就像一个袋鼠一样对自己形影不离，妈妈感到非常烦恼。偶尔妈妈带洋洋出去玩的时候，洋洋也不愿意和妈妈手牵手走着，而是要让妈妈抱着他。他呢，则紧紧地搂着妈妈的脖子，丝毫也不放松，好像生怕妈妈会突然消失一样。

有一天，妈妈生气地训斥洋洋："洋洋，你就像一个跟屁虫，你能不能给妈妈一点点自由呢？妈妈又不会消失。"听到妈妈的话，洋洋愣在了那里，很快就号啕大哭起来。无奈之下，妈妈只好放下手里正在做的事情，把洋洋抱在怀里安抚洋洋，但是妈妈真的不知道接下来洋洋要如何适应去幼儿园的生活。

有一天，妈妈正在做饭呢，洋洋却突然走过来抱着妈妈的腿。原本他坐在距离妈妈一米远的地上在玩玩具，但是现在他就站在妈妈的眼前，而且要求妈妈抱他。妈妈只好抱起了他。这个时候，锅里的油越来越热，眼看着就要着火了，妈妈再三劝说，洋洋都不愿意离开妈妈的怀抱，妈妈只好把火关掉，生气地对洋洋说："好吧，咱俩都别吃饭了，都饿死算了！你天天这样缠着妈妈，妈妈什么事情也做不了，简直烦死了。"说完，妈妈气冲冲地把火关掉，生气地抱着洋洋坐在沙发上，半天都不理洋洋。洋洋眼睛里含着泪水看着妈妈，他非常伤心，但是他依然蜷缩在妈妈的身边。这一天剩下的时间里，洋洋非常沉默，他不知道自己哪里做错了，也不知道妈妈为何突然这么排斥和反感他。看到洋洋突然之间的转变，妈妈也很担心，非常懊悔自己对洋洋说了不该说的话。

对于全职在家带娃的妈妈来说，如果娃娃非常黏人，那么妈妈的心情就会更加烦躁，这是因为妈妈们每天都要做各种各样的家务事，还要做自己想做的事情。如果孩子始终像袋鼠一样依偎在妈妈的身边，妈妈就没有办法做这些事情，也无法做那些必须做的事情。在这样的情况下，妈妈的心情当然会越来越烦躁，会忍不住对孩子说出一些过激的话。

虽然孩子不能完全听懂妈妈的话，但是他们却能够通过

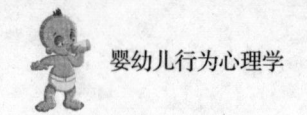

妈妈的表情、语气，感受到妈妈的情绪。所以如果妈妈对孩子不加以控制，而是对孩子怒目相视，那么孩子就会感到非常害怕。妈妈一定要调整好自己的情绪，而不要以负面情绪伤害孩子。尤其是不要对孩子说出那些狠话，让孩子的内心感到更加惊恐不安。

每个孩子都非常依赖妈妈，这是因为在妈妈的子宫里时，他们就已经非常熟悉妈妈的血液流动声和心跳声了。所以当出生之后，孩子在哇哇大哭的时候，妈妈只要把孩子抱在自己的怀里，让孩子的头贴着自己的胸口，孩子就会很快地安静下来。这是因为他们又听到了妈妈熟悉的心跳声，感觉到自己就在妈妈的身边非常安全，情绪也会渐渐地平静下来。

随着年龄的增长，孩子的活动范围越来越大，他们与妈妈之间并不像之前那么亲密无间了，所以他们会感到很不安。一方面他们想要拥有自己独立的生活，离开妈妈去自己想去的地方，另一方面他们又担心自己离开妈妈太远会感到不安全。所以孩子处于一个非常矛盾的状态中，尤其是两三岁的孩子，他们的自我意识渐渐形成，意识到自己和妈妈是两个生命个体，所以他们就会更加害怕失去妈妈。

在亲子关系中，拥抱始终都是表达爱的最好方式。当宝宝在长到一岁之后，进入人际关系的萌芽时期时，他们既喜欢抱着妈妈，又喜欢被妈妈抱着。所以在这个阶段里，妈妈不管多么频繁地抱起宝宝，都不会把宝宝宠坏。作为父母，一定要积极地向孩子表达爱，当孩子对父母表现出爱意的时候，父母也

要给予孩子积极的回应。只有在这样良好的爱的互动之中,父母与孩子之间的关系才会越来越亲密,亲子之间的感情也才会越来越深厚。孩子会认识到,他生活在父母的爱之中是非常安全的,所以他们内心的情绪会更加平和。

然而,父母不可能24小时都陪伴在孩子身边。有的时候,父母因为工作的原因要去忙很多事情。在这种情况下,虽然孩子不能听懂父母在说什么,但是只要父母耐心地向孩子解释,孩子还是可以感受到的。如果说一次,孩子不能理解父母的意思,那么父母还可以多说几次。

渐渐地,当孩子知道父母要去做必须做的事情,他们就会知道父母会在约定的时间内回到他们的身边,他们就不会感到那么惊慌和恐惧了。如果父母坚持这么做,还能够培养孩子的独立意识,让孩子从依赖父母到渐渐地越来越独立,也能够给予自己和父母更多的空间。

从心理学的角度来说,孩子之所以黏着妈妈,就是因为他们很害怕失去妈妈。越是出现这样的情况,妈妈越是不能吓唬孩子。有一些妈妈因为内心烦躁,会通过发脾气或者是恐吓的方式来让宝宝离开自己。这样虽然看起来起到了非常快速直接的效果,但是却会让宝宝的恐惧感越来越强烈。从本质上来说,这会导致事与愿违。所以父母要对孩子有足够的耐心,即使想与孩子之间保持距离,不再完全依附在一起,也应该采取合适的方式,给孩子一个循序渐进的过程。

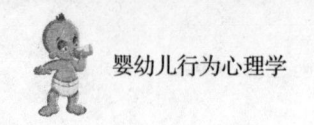

宝宝为何爱咬人

六个月的时候,丹丹有两颗牙齿露头了,但是妈妈并不知道。原本妈妈很享受给丹丹喂奶的过程,但是有一天在给丹丹喂奶的时候,丹丹突然趁着妈妈不注意,咬了妈妈一口。妈妈感受到乳头上剧烈的疼痛,情不自禁地喊了出来。听到妈妈的喊声,丹丹一边满足地吃着奶,一边委屈地撇着嘴巴哭了起来。妈妈知道自己的喊声让丹丹受到了惊吓,顾不上查看自己的乳头是否被咬伤了,赶紧安抚丹丹:"丹丹,你咬疼妈妈了,知道吗?你不能咬妈妈,你咬妈妈,妈妈会感到很疼的。"听了妈妈的话,丹丹似懂非懂地看着妈妈的表情,脸上呈现出笑容,这才又放心地开始吃奶。妈妈意识到丹丹已经长牙了,如果丹丹养成了咬人的坏习惯,那么妈妈以后可就有苦头吃了。但是,丹丹为什么会咬人呢?

对于正在生长乳牙的孩子而言,他们之所以会咬人,是因为他们要长牙,所以牙龈会非常痒,非常痛。为了缓解自己又痒又痛的感觉,他们就会咬放在嘴里的东西。六个月的孩子还正在吃母乳呢,所以他们就会抓住这个机会咬妈妈的乳头。

了解了这个原因之后,妈妈就为丹丹买了一些磨牙棒,也会自制一些小小的胡萝卜,让丹丹用来磨牙。这些胡萝卜都有清甜的味道,和乳汁的味道是不同的,所以丹丹用小手攥着细长的胡萝卜吃得津津有味。磨牙棒那么硬,丹丹长时间地啃着磨牙棒,也可以用口水把磨牙棒泡软,变成糊状,高兴地吃到肚子里。有了这些磨牙的工具，丹丹再也不会咬妈妈的乳头了。

丹丹在八个月大时，妈妈的母乳已经没有那么多了，丹丹很难靠着吃母乳吃饱。眼看着丹丹越来越瘦，妈妈决定为丹丹戒掉母乳，这样丹丹才会有胃口吃其他食物。但是就在这个时期，妈妈发现已经不再咬人的丹丹居然又开始咬人了。有一天，妈妈正和丹丹在一起玩耍呢，丹丹趁着妈妈不注意的时候，居然咬了妈妈的手腕一口。这时，丹丹已经有了四颗牙齿，她把妈妈的手腕咬出了一个很深的牙印，妈妈疼得哇哇直叫，而丹丹呢，她非但没有意识到自己犯了错误，反而笑得很开心。

这次妈妈又遵循上一次的经验，给了丹丹一些磨牙的东西，但是虽然丹丹很喜欢用这些磨牙的东西，却依然还是会咬妈妈。这是怎么回事儿呢？妈妈这下可没有办法了，她只好询问育儿专家。育儿专家在听了妈妈的描述之后，对妈妈说："其实，这是孩子在表达他的亲热之情。很多孩子不会用其他的方式来表达感情，就用咬人的方式来表达。当然，也有可能是因为孩子在口腔敏感期没有得到满足，所以会做出这样的补偿性行为。"

显而易见，丹丹并不属于后一种情况，因为她的笑声非常清脆，仿佛是流淌自她心底的快乐正在叮当作响。妈妈知道丹丹一定是因为开心，是为了用这种方式来表达对妈妈的喜爱。明确了丹丹咬人的原因之后，妈妈决定找到合适的机会告诉丹丹，不能用咬人来表达喜欢。果不其然，才过去几天，丹丹又咬了妈妈。这次她咬了妈妈的耳朵。妈妈看着丹丹非常严肃地说："丹丹，你不能咬妈妈，咬人是错误的。咬妈妈，妈妈就会很疼。"然而，妈妈几次三番地教育丹丹，丹丹却总是故技重施，这可怎么办呢？孩子才八个月，并不能听懂道理，即使偶尔会被妈妈训斥，她也是因为看到妈妈板着面孔才会害怕的。所以，妈妈决定想出另外一个办法来告诉丹丹咬人的后果。

有一天，丹丹又咬了妈妈，妈妈板起脸装作很生气的样子，把丹丹的手放到了自己的口中，想要咬丹丹一口。丹丹的手又白又嫩，妈妈不忍心咬她，但是妈妈知道，只有这么做，才能让丹丹改掉咬人的坏习惯。一开始，妈妈轻柔地咬着丹丹的手指，丹丹还很开心呢，后来妈妈渐渐地加重了力度，妈妈看到丹丹脸上的表情变得越来越痛苦，最后居然哇啦哇啦地哭了起来，这才松开牙齿，把丹丹的小手指拿了出来。果然，丹丹的手指上已经有了两个深深的牙印，妈妈指着两个牙印对丹丹说："咬人，疼！"虽然只有三个字，但是丹丹这次却真切地感受到了咬人是很疼的。从此之后，丹丹想咬妈妈的时候，妈妈就会提醒丹丹不能咬人，丹丹也就能够听妈妈的话，不再咬人了。偶尔，丹丹会忘记了不能咬人，又咬妈妈，妈妈只要说疼，她就会马上把嘴巴松开。看着丹丹在这方面有了这么好的转变，妈妈感到非常欣慰。

很多妈妈都因为孩子咬人而感到非常恼火。的确如此，

第六章　解读宝宝的身体姿态，解开宝宝的心灵密码

尤其是对于很多正在喂孩子母乳的妈妈来说，乳头的皮肤原本就非常娇嫩，如果被孩子咬上一口，那滋味可真的是非常痛苦的。也有的妈妈在与孩子玩得开心的时候，猝不及防地被孩子咬一口，虽然有满心的怒火，也因为承受了巨大的疼痛而恨不得狠狠地责骂孩子，但是看到孩子那可爱无辜的样子，又无法对孩子作出惩罚。其实，对于年幼的孩子来说，妈妈及时惩罚孩子也未必能够起到很好的效果。事例中的丹丹妈妈就非常理性。她先使用磨牙棒等工具来帮助孩子缓解又痛又痒的感觉，后来发现孩子在用咬人表达情绪，才决定咬孩子一口，让孩子知道被咬的人真的很疼。这样一来，孩子就可以切身感受到被咬的滋味。

只有找到孩子咬人的根本性原因，才能够针对这些原因想出应对的方法。孩子除了因为牙龈又疼又痒而咬人之外，还会为了表达情绪而咬人。最后，还有一种情况就是因为它们在口腔敏感期没有得到满足，所以会出现补偿性的行为，即为了满足自己在口腔敏感期的需求。那么不管是针对哪一种情况，妈妈都要有的放矢，这样才能够有效地帮助孩子。尤其需要注意的是，当发现孩子咬人的时候，妈妈千万不要对此不以为然。如果孩子养成了咬人的习惯，那么未来在生活中就会遇到很多的麻烦。有一些爸爸妈妈在被孩子咬了之后会哈哈大笑，孩子并不知道是非，当看到父母的反应之后，他们就会误以为他们做的是好的行为，那么他们将来在与小朋友相处的时候，说不定还会通过咬人的方式来吸引小朋友的关注，也有可能以此方

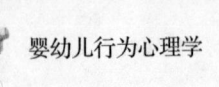

式来表达自己对小朋友的喜爱。显而易见,这是其他小朋友所不能接受的。

孩子还小,他们并没有长久的记忆。父母要有足够的耐心,要经常提醒孩子,这样孩子就能记住不能咬人。由此可见,不管哪一种良好的行为背后,都有父母的耐心在浇灌。而孩子每一种恶劣行为的背后,都有父母的纵容。所以要想让孩子懂礼貌,守规矩,父母就要在孩子小时候多多陪伴孩子,也给予孩子更多的引导和帮助。

宝宝为何爱咬衣服

周末,妈妈难得休息一天,决定把特意的被褥换下来洗洗。妈妈把特意的被罩和床单都拆下来,就在拆的过程中,她突然发现特意的被罩靠近嘴巴的那个地方有很多小洞。看到这个奇怪的现象,妈妈感到非常纳闷:难道家里有老鼠吗?被罩怎么被咬坏了?妈妈把被罩拆下来之后问问奶奶:"妈,你看到咱们家有老鼠吗?我怎么看到特意的被罩被咬坏了。"奶奶笑起来,对妈妈说:"的确,咱们家有一只大老鼠,这个老鼠又肥又嫩,白白胖胖。"听到奶奶这么说,妈妈突然间意识到,原来是特特把被罩咬坏了。

妈妈感到非常内疚,一直以来,她都忙于工作,并没有关注到特特,不知道特别是从什么时候开始咬被罩的。妈妈在给特特找晚上洗完澡穿的衣服时,还发现特意的很多衣服领子也被咬出了一些小洞。他这才意识到特特不仅仅是现在才刚刚开始咬这些东西的,而且很有可能已经有了一段时间了。妈妈赶紧向奶奶了解情况,奶奶告诉妈妈:"特特最近的确会出现咬人的情况,他不但会咬人,还会咬各种东西。有的时候,他晚上快睡着的时候,我过去看他,就发现他嘴里正含着被罩的一角呢。还有,他也会常常含着衣服咬,白天的时候,他有时候会咬我的肩头,有时候会咬我的胳膊。我也不知道他到底是怎么了。不过也有可能是因为长牙牙床感到痒痒,所以才会咬人吧!说不定过一段时间就好了。"

听到奶奶轻描淡写的话,妈妈心中却非常担心。她不知道特特为什么会咬这些东西,也意识到特特可能出现了一些问题。很快,妈妈就带着特特去医院进行微量元素检查,发现特特什么都不缺,非常健康。排除了缺乏微量元素这个原因之后,妈妈知道特特之所以咬人,一定是因为感到内心不安。特特每天都有奶奶陪伴,为何会感到内心不安呢?妈妈反思自己这一段时间以来与特特相处的时间很少,自从调到新的工作单位之后,每天都忙得脚不沾地,早上天还没亮就起床出门了,晚上天黑了才回家,特特往往已经睡着了。而在此之前,妈妈每天晚上都会陪伴特特两三个小时,和特特一起玩,给特特讲睡前故事。妈妈知道问题一定出现在这里。

妈妈决定还是换回原来那份相对清闲的工作,因为她不想让特特在成长的过程中遇到困惑和障碍,也不想让特特因为不安而限制自己的成长。思来想去，妈妈决定换工作。很快，她和新同事交接好工作。这几天晚上，妈妈又和以前一样早早地回到家里，陪着特特一起吃饭，带着特特一起洗澡，还和特特玩了很长时间，又给特特讲睡前故事。果然，今天晚上，特特睡觉的时候并没有像往常一样咬着被子，而是乖乖地很快就睡着了。

在如此坚持了一段时间之后，妈妈发现特特咬衣服和被子的行为渐渐地好转了。每当有特殊情况需要离开特特的身边时，妈妈会正面地告诉特特自己将要离开一会儿。虽然特特会哭闹，但是他并不会因为妈妈突然消失而感到恐惧。

很多孩子都喜欢咬衣服，那么不排除很有可能是因为缺乏微量元素导致的。如果宝宝缺锌，那么宝宝就会咬衣服、被褥等。当然，如果是因为缺锌导致孩子咬衣服，那么妈妈要给孩子多吃一些含锌的食物，如虾皮、紫菜、花生、芝麻等，如果孩子缺锌缺得比较严重，那么妈妈可以给孩子买一些补锌的制剂，让孩子喝。如果经过微量元素的检查，发现孩子并不缺锌，那么妈妈可以观察孩子是否正在长牙。如果孩子也不是因为长牙导致牙龈又疼又痒而咬人，那么，妈妈就必须考虑到孩子是因为感到内心不安，感到焦虑，所以才会咬人。

年幼的孩子并不善于用语言表达自己内心的所思所想，为了获得情感上的依赖，他们就会通过咬衣服的行为来表现自己的心理需求。如果妈妈并没有及时发现孩子这个异常的行为，或者对孩子这个异常行为不管不顾，那么孩子的心理发育就会

第六章　解读宝宝的身体姿态，解开宝宝的心灵密码

受到影响。

确定孩子是因为内心不安而咬衣服的时候，妈妈要寻找是什么因素导致孩子内心不安。例如是否爸爸妈妈没有和孩子告别就突然消失了；是否有陌生人会接近宝宝或者抱起宝宝，让宝宝大声哭闹；是否会突然出现一声巨响，让毫无防备的宝宝被吓了一跳。宝宝的生命是非常娇弱的，所以他们在生活中很容易受到惊吓。那么，妈妈要仔细思考宝宝到底是因为什么原因而受到惊吓，从而消除这些因素对宝宝的不良影响。

有一些父母为了去上班，往往会在孩子不知道的情况下偷偷地溜出家门。等孩子寻找父母的时候，他们就无法知道父母去做什么了，还以为父母就这样凭空消失了呢。可想而知，孩子的内心有多么紧张和恐惧。那么爸爸妈妈要正面和孩子告别。虽然孩子会因此而哭泣，但是他们至少知道爸爸妈妈是去上班了，这样就会做好心理准备。孩子并不像成人那样知道很多事情之间的逻辑关系，如果妈妈突然从孩子的面前消失，那么孩子就会产生强烈的不安全感，甚至以为妈妈会从此消失，所以他们就无法再安心。因而不管是爸爸还是妈妈，都要记住，即使宝宝会哭着与爸爸妈妈分别，也要正面与孩子告别。当爸爸妈妈每次如约回来时，宝宝渐渐地就会明白，爸爸妈妈并不是消失了，而只是去上班了。等到了特定的时间之后，他们就会回到家里，这样宝宝就会觉得心安。

孩子每个异常行为的背后，都隐藏着深层次的心理原因。作为父母，不要觉得这些原因是无关紧要的。每个原因都关系

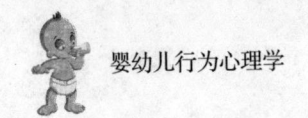

到孩子的成长,甚至会影响孩子的一生,所以父母要剖析孩子的异常举动,查找孩子的心理原因,这样才能给予孩子更全面周到的照顾,也才能让孩子的内心感到更加安全。

宝宝为何爱跺脚

宝宝语言表达能力还不够强,所以无法用语言表达心声。即使是已经会说话的宝宝,当他们因为某件事情而生气的时候,或者当他们处于情绪激动的状态时,也往往不能用语言来表达心声。在这样的情况下,他们因为着急或者愤怒,就会采取跺脚的方式来宣泄不满。遗憾的是,现实生活中,很多妈妈都不知道宝宝到底为什么跺脚,更不能理解宝宝在跺脚的行为背后隐藏着怎样的思想。当发现孩子跺脚的时候,妈妈们往往会感到非常厌烦,会严厉地训斥宝宝,这样一来,宝宝非但没有得到情绪的满足,反而还被妈妈训斥了,所以他们就会更加烦躁,甚至会躺在地上哇哇大哭。

很多父母都误以为孩子不会有负面的情绪,实际上孩子的情绪是很容易波动的。作为父母,要知道宝宝在跺脚这个行为背后隐藏的秘密,也要及时地弄明白宝宝为什么事情而跺脚。只有父母及时地帮助孩子消除负面情绪,孩子才能得到情感上的满足和心理上的满足,也才能避免因为被父母误解或者被父母训斥而大哭。

第六章　解读宝宝的身体姿态，解开宝宝的心灵密码

昨天晚上，爸爸因为加班，直到晚上九点钟才回到家里。听到爸爸回到家里正坐在餐桌上吃饭的声音，皮皮赶紧从房间里跑出来。原本皮皮都已经洗漱完上床准备睡觉了呢，看到皮皮跑得这么快，妈妈也紧跟其后。皮皮跑到餐桌旁，看到爸爸正在吃饭。他看着爸爸吃得香喷喷的，小脸涨得通红，使劲地跺了跺脚，紧接着又把手放到嘴巴里。他仿佛不小心咬到了自己的手，又马上把手从嘴巴里拿出来。就在爸爸妈妈还没有反应过来的时候，他就已经使劲地跺脚，紧接着又一屁股坐在地上，开始哇哇大哭了。

爸爸一边狼吞虎咽地吃饭，一边问皮皮："你怎么了？怎么了？"这个时候，正在旁边的奶奶说："这个孩子最近总是这么任性，稍微有一点不高兴，就坐在地上哇哇大哭，我都不知道他到底发生了什么事情。"这个时候，妈妈来到皮皮的身边，她蹲下去，柔声细气地问皮皮："皮皮，你是不是饿了？你想喝奶奶，对不对？"得到妈妈的提醒，皮皮马上用手指着自己的嘴巴。妈妈赶紧给皮皮冲奶粉。冲好了奶粉之后，皮皮咕咚咕咚地把一大瓶奶都喝完了。看到皮皮喝得这么香甜，奶奶恍然大悟："原来，他是饿了呀。他总是跺脚，我哪里知道他在想什么呢！"

妈妈对奶奶说："皮皮还小，还不会说话。他如果有一些需求或者欲望想要得到满足，又得不到满足，就会很着急，就会气急败坏地跺脚。其实他很想表达自己的心意，所以妈，你看到皮皮跺脚之后，可以猜一猜皮皮到底想做什么。例如，他

是饿了还是渴了？是想撒尿了，还是想拉臭臭了，或者是想出去玩儿了等。只要能够猜对，他就会很开心。"奶奶说："那我可得好好研究研究他跺脚到底是什么意思！"这个时候，妈妈抱起皮皮，皮皮吃饱喝足，趴在妈妈的肩膀上很快就睡着了。

孩子还小，还不能用语言表达自己的心意。当他们有很迫切的需求要得到满足的时候，就会感到非常着急。在这种情况下，如果父母能够了解孩子的需求，满足孩子的需求，那么孩子就会很开心。如果父母怎么也猜不中孩子的心思，那么孩子就会更加气急败坏。要想及时满足孩子的需求，父母就要多多了解孩子，知道孩子想做什么，尤其是对于不会说话的孩子，父母更需要具备观察孩子的能力，从而洞察孩子的内心。

很多父母都会觉得奇怪：孩子小时候反而很好照顾，但是到了一岁之后，他们就越来越任性，而且常常会发脾气。这是为什么呢？这是因为孩子在一岁之后，不管是智力方面还是体格方面都获得了成长。他们的想法越来越多，需求也越来越多。在这种情况下，他们自然希望父母能够了解他们的心意，满足他们的需求。但是他们却不能灵活地运用语言来表达自己的所思所想。当他们对父母的行为感到不满的时候，就只能通过跺脚的方式来发泄情绪。很多父母都简单粗暴地以为孩子这是在闹脾气，是任性自私的表现，所以他们会对孩子不管不顾，也有的父母会严厉地训斥孩子。看到爸爸妈妈这样的反应，孩子当然不会感到满意，所以他们的情绪就会更加激动。

他们会更使劲地跺脚。其实,一岁多的孩子很容易会做出这种行为,这是因为他们的思维越来越复杂了,但是他们的语言表达能力并不足以表达思维,因而他们越是着急,就越是会出现表述不清、气急败坏的情况。

通常情况下,孩子会先跺脚。如果父母在看到孩子跺脚之后,依然不能了解孩子的心思,那么孩子就会因为着急而躺在地上哭。对于这样的情况,父母应该区分对待。如果孩子是因为任性躺在地上哭,并且以此来要挟父母,那么父母不能对孩子妥协。如果孩子是因为着急躺在地上哭,那么父母应该积极地猜测孩子到底因为什么而哭,或者想方设法满足孩子的需求,这样孩子的情绪就能很快恢复平静,也能够在各个方面有更好的表现。

总而言之,孩子的肢体动作和身体姿态都是非常丰富的,这是因为孩子的情绪每时每刻都处于发展变化之中,作为父母要理解和体察孩子的情绪,这样才能及时满足孩子。否则如果父母总是对孩子不闻不问、不管不顾,那么孩子的情绪就会更加糟糕。如果父母能够和孩子达到心有灵犀的程度,在孩子产生需求的时候及时地满足孩子,那么孩子情绪就会更加平和。

用挺直的身体宣告:我不配合

前文说过,宝宝还小,所以不会用语言来表达自己的心意，更不会用语言来与他人沟通。那么，当在他们很愿意或者很想做某件事情时，而父母又不能满足他们的需求时，他们就会采取跺脚、躺在地上哇哇大哭的方式来表达自己的急迫心情。那么，如果孩子是想拒绝做某件事情，他们又会表现出怎样的身体姿态呢？通常情况下，孩子会用挺直身体来表达拒绝的意思。例如，爸爸妈妈给宝宝把尿，宝宝就会挺直身体来抗拒妈妈；爸爸妈妈给宝宝喂奶，宝宝就会挺直身体表达他现在还很饱，根本不想吃东西；妈妈想把宝宝放在床上，宝宝就挺直身体，就像鲤鱼打挺那样，这意味着他们并不想躺在床上；还有些宝宝会在妈妈的怀抱中挺直身体，也是拒绝的意思。挺直身体对于宝宝而言是一种非常明显而且特别典型的拒绝动作，妈妈要了解宝宝这个动作的意思，这样才能了解宝宝的需求，也才能满足宝宝的需求。

宝宝的每一个身体动作都是他们的语言，父母在孩子不能用语言与自己进行沟通之前，要多多地观察孩子的需要，了解孩子的真实需求。如果父母总是把自己的意愿强加给孩子，那么孩子就无法得到满足，情绪也会变得糟糕。父母除了要能够扮演好照顾孩子的角色，还要能够对孩子察言观色，这样才能了解孩子的内心。

然然才刚刚出生两个月，奶奶就开始给然然把尿。每次把尿的时候，奶奶只要发出嘘嘘的声音，然然就会开始撒尿，为此奶奶不止一次地夸赞然然说："这个小家伙可真乖，每次给他把尿，他就一定会尿，而且一点都不捣乱。"的确，然然很配合奶奶把尿,所以在很长一段时间里,然然都没有尿床,就连尿不湿也很少用。

然而在然然四个多月之后,他的表现却越来越糟糕。每当奶奶给他把尿的时候,他总是像鲤鱼打挺那样把身体挺得很直,不愿意撒尿。有的时候,他还会号啕大哭,仿佛在以这种方式来宣示他的权利。

有一次,奶奶正给然然把尿呢,然然安然哇哇大哭起来。这个时候,妈妈正好下班回家。听到然然的哭声,妈妈对奶奶说:"妈,也许然然不想撒尿吧,要不就等会儿再把,或者给他穿个尿不湿吧!"

奶奶听到妈妈的话,显然有些不服气,说:"他才两个多月就知道把尿,也很配合,现在怎么越大反而越不愿意尿了呢?我就不相信他没有尿。他已经一个多小时没有撒尿了,他肯定是有尿的。"说完,奶奶继续固执地给然然把尿,但是然然依然鲤鱼打挺不愿意撒尿。这个时候,妈妈只好把然然从奶奶的怀里接过来,抱在身上哄着。让妈妈万万没有想到的是,然然才到了妈妈身上几分钟,就呼呼地尿了妈妈一身。妈妈感受着然然热乎乎的尿,忍不住小声惊叹着:"妈呀,这可真是个坏蛋呀!你把尿他不尿,现在都尿在我身上了。"奶奶不高兴地说:"他肯定是要尿尿呀。我知道他有尿,才会把他的。但是这几天他表现都不好,每次给他把尿他都不尿,等把他放下来的时候,他马上就尿在床上、衣服上,真是个调皮鬼。"

妈妈听到奶奶这么说然然,又很心疼然然。她耐心地向奶奶解释:"然然才四个多月,还不会憋尿呢。他不尿,可能是因为在把尿的时候,他并不想尿而已。而等到不把尿的时候,他又想尿了。要不就顺其自然吧,顶多多买一点尿不湿,也没关系。"听了妈妈的话,奶奶更生气了,说:"一天不把尿,不知道要用多少尿不湿,尿不湿一旦湿了,他就吭吭唧唧,觉得不舒服,就要换。只怕这样下去,光是买尿不湿就要破产了!这孩子越大越不听话,小时候多么乖啊!"

妈妈观察着然然,虽然他还听不懂奶奶所说的话,但是妈妈不希望他听到这些话,所以妈妈对奶奶说:"不要这么说然然。妈,我们然然还算很乖的。至于撒尿这件事情,然然还很小,我们还是顺从他的意愿吧。他想尿就尿,不想尿就不尿,多用一点尿不湿也没关系,等他渐渐长大了,自己知道撒尿了,就可以省下来尿不湿的钱啊。"在妈妈的劝说下,奶奶终于放弃了给然然把尿的想法,然然变得开心起来。

直到将近十个月的时候,奶奶才发现了然然在想撒尿或者拉臭臭的时候会有特定的表现。例如,每当要撒尿的时候,然然就会眼神呆滞;每当要拉臭臭的时候,然然就会满脸通红。每当这个时候,奶奶就会抓紧时间给然然把尿,或者是帮然然拉臭,然然总是非常配合。看到然然水到渠成地养成了良好的排便习惯,妈妈感到非常欣慰。

孩子也是有自己的意愿的,虽然他们还小,不能够自主地表达自己的意愿,但是当他们不想做一些事情的时候,就会用挺直身体的动作来表示他们的反抗。遗憾的是,当宝宝做出这些举动的时候，父母却对此视若无睹，他们总是要求宝宝做他们不想做的事，结果导致事与愿违。一直以来，人们都为是否给孩子把尿而争论不休，每个人说的都有每个人的道理，传统的观念认为应该从小就培养孩子把尿的好习惯，因此有很多人父母或者是长辈半夜里把孩子拽出温暖的被窝，强行给孩子把尿，哪怕孩子挺直身体来表示抗拒，他们也依然坚持去做。西方国家的人却认为应该顺其自然地让孩子尿尿，如果孩子不想尿尿，父母就无须强求孩子。现在有尿不湿可以给孩子穿，是非常方便的，所以给孩子穿上尿不湿，让孩子睡一个整夜的睡眠，更有利于孩子健康成长。在国外的很多国家里，孩子直到三四岁还会穿着尿不湿，这正是因为他们对孩子撒尿采取顺其自然的态度。

作为父母应该了解孩子的很多行为举止的意思。例如孩子正睡得香甜，但是父母突然把他们从被窝里拖出来把尿，那么他们就会感到很不舒适。例如孩子正在玩耍的时候却突然身体僵硬，不再动弹，那么他们有可能正在集中注意力，想要尿尿。还有的孩子在想要拉臭之前脸色会涨得通红，这意味着他们在使劲，所以父母可以借此机会来让孩子拉臭臭。只有顺应孩子成长的规律，也根据孩子做出的行为来给孩子以适当的对待，才能够起到更好的效果。

通常情况下，对于六个月以内的宝宝，最好不要进行把尿，这是因为宝宝的身体还没有完全发育成熟，如果在把尿的过程中给宝宝带来伤害，那就得不偿失了。

孩子在一岁半到两岁之间，在生理上和心理上都已经发育成熟，也能够自主地控制大小便了。在此期间，父母可以培养孩子如厕的好习惯。例如可以让孩子养成蹲下尿尿的习惯，或者可以让孩子养成去便桶里拉臭臭的习惯。在一岁半之前，父母可以让孩子自由地成长，让孩子自由地撒尿或者是拉臭臭。当然，如果父母非常了解孩子的心思，也能够通过孩子的肢体语言知道孩子想做什么，那么就可以因势利导顺从孩子的意思，给予孩子更好的对待。

第七章 倾听宝宝的心声，听懂宝宝的心语

和宝宝的面部表情、行为姿态、身体动作相比，语言无疑是最能够帮助宝宝表情达意的沟通工具和有效手段。对于父母而言，只有认真地倾听宝宝说话，才能了解宝宝的所思所想，也才能知道宝宝正处于怎样的情绪状态中，把握宝宝的心理状态。有的时候，宝宝无意间说出来的一句话，却标志着他的成长，也可能会暴露出宝宝在性格发展中存在着一些不足的地方，所以不管是爸爸还是妈妈，都应该耐心地倾听宝宝，尤其是要听懂宝宝正在说的话，这样才能够成为更合格且优秀的父母，也才能陪伴宝宝健康快乐地成长。

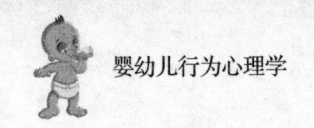

我的，我的，都是我的

在两岁之前，孩子们并不能区分你的、我的，他们甚至把自己和这个世界看作是浑然一体的。到了两岁前后，孩子的自我意识渐渐地形成，他们才把自己和外部世界区分开来。很多两岁的孩子都形成了物权的概念，他们不允许其他小朋友分享他的玩具和零食。看到孩子做出这样自私霸道的行为，很多父母都会给孩子贴上自私的标签，甚至还会给孩子起一些外号，例如小吝啬鬼、小抠门等。

如果父母能够了解孩子在两岁前后正处于自我意识发展的过程中，他们之所以不允许其他小朋友玩他们的玩具，并不是因为自私，而是因为他们现在才知道这些玩具是属于他们的，所以才会护着自己的玩具，那么父母就不会给宝宝起这么多外号。

很多妈妈在看到宝宝慷慨大方地与人分享时，都夸赞宝宝很大方，很乐于分享，但是一旦看到宝宝不想和别人分享玩具或者零食时，就会指责宝宝非常小气。实际上，这是宝宝心理发展处于特殊阶段的表现，妈妈无须强求宝宝一定要与他人分享。等到过了两岁到三岁之后，宝宝形成了自我意识，也形成了物权概念，他们渐渐地就会在真正意义上与他人分享，这对于宝宝来说才是成长的一大步。

小龙和轩轩从小就一起长大，他们只相差一个月，是不折不扣的铁哥们。每天,不是小龙去轩轩家玩,就是轩轩去小龙家玩,或者他们还会相约着在小区的广场里玩。小龙家和轩轩家还是近邻呢,他们两家门对门,所以即使父母不跟着,他们也能够抬腿迈出家门儿,进入到对方家里去串门。

每次小龙和轩轩在一起玩的时候,小龙妈妈和轩轩妈妈都觉得很有趣,很开心。这是因为小龙和轩轩说话都还不太利索呢,但是他们却会用自己的语言进行沟通。他们有的时候说着电报语言,却能够彼此心意相通,有的时候也会做出各种各样的动作,或者是做出表情,马上就能理解对方的意思。爸爸妈妈常常开玩笑说,他们简直比双胞胎还心有灵犀呢!

有一天天气非常好,小龙骑着小小的自行车,轩轩带着他小小的滑板车,一起来到小区的广场上。小龙玩了一会儿自行车,轩轩玩儿了一会儿滑板车,就都各自厌倦了。所以他们把车子换过来玩。有一段时间,他们全都放弃了车子,而跑到一堆沙堆旁,撅着屁股玩沙子。看到小龙玩沙子玩得不亦乐乎,轩轩就在一边帮忙,偶尔也会说些只有他们能听懂的语言。轩轩还指手划脚地指导小龙。

轩轩妈妈和小龙妈妈只是站在一旁聊天,她们都很庆幸能够成为邻居,也很庆幸两个孩子能一起成长。轩轩妈妈经常说,别人都说独生子女是孤独寂寞的,但是我们这两家虽然也是独生子女,却并不孤独寂寞呀!他们俩真正是穿着开裆裤一起长大的,即使长大以后也会比亲兄弟更亲。就在两位妈妈为小龙和轩轩之间的友谊而感到高兴的时候,小龙和轩轩却闹起了别扭。

有一段时间，小龙不再像以前那样愿意和轩轩分享玩具和美食了，而是会非常霸道，把自己的玩具和美食都保护得好好的，即使轩轩和他要，他也不愿意给轩轩触碰。有一天，他们正在一起玩沙子，小龙拿着铲车正在玩儿呢，等到他把车子放下来的时候，轩轩和往常一样马上拿起铲子往小龙的铲车里装沙。没想到这个时候，小龙突然撕心裂肺地喊了起来，说："这是我的，我的，我的！"听到小龙的哭声，妈妈还以为小龙怎么了呢，当即就跑到小龙的身边。这才发现轩轩已经被小龙突如其来的哭喊声吓得愣在那里了。

小龙哇哇大哭着转身扑到妈妈的怀里，再也不愿意到沙坑里和轩轩一起玩了。轩轩妈妈把轩轩拉到一旁批评："轩轩，你怎么回事儿啊？怎么把小龙弄哭了呢？"看到妈妈严肃的表情，轩轩委屈地哭了。这个时候，小龙妈妈已经安抚好小龙，她对轩轩妈妈说："不怪轩轩，是小龙不想让轩轩碰他的铲车。这可是抠门儿啊，他的自我意识已经开始萌芽。看来，他之前不是大方，也不是乐于与人分享，只是不知道东西是自己的。但是现在，渐渐地，他知道这些东西是属于他的，就不愿意给轩轩碰了。"听到小龙妈妈的话，轩轩妈妈如释重负地说："听到小龙的哭声，我还以为怎么了呢！孩子真奇怪，居然越长大越小气。"轩轩妈妈引导轩轩拿着自己的玩具，和小龙交换着玩。一开始，小龙并不愿意，但是他很喜欢轩轩的水枪，又在妈妈的劝说下，终于同意和轩轩交换玩具了。

孩子之所以出现呵护东西的行为,就是因为他们的自我意识渐渐形成,他们知道这个东西是自己的,所以才不愿意与他人分享。在孩子自我意识萌芽的阶段,父母可以引导孩子与他人分享,但是却不要强求孩子一定要与他人分享,否则就会伤害孩子的心。只有尊重孩子内心的需求,顺应孩子身心发展的规律,对孩子进行引导,孩子才会有更好的成长。

细心的父母会发现,对于两岁多的宝宝而言,不管他们是在家里还是在家以外的地方,或者是在幼儿园里,都会把自己的东西看守得很好,不允许别人随随便便就碰他们的玩具或者是零食。如果有人强行要碰他们的东西,他们甚至会与他人厮打起来。很多父母在看到宝宝如此自私的时候,都感到非常担心,他们觉得孩子从小就这么小气,长大以后肯定会更加小气。其实不然。孩子并不是小气,而是产生了自我意识的萌芽。

新生儿呱呱坠地之后,并没有形成自我的概念,他们认为自己和世界是一体的,所以他们才会拿着自己的手跟脚津津有味地吃起来,就是因为他们还不知道他们就是手和脚的主人。随着不断成长,宝宝正在进行自我构建,在此过程中,他们终于把自己与外部世界区分开来,而且他们会意识到有一些东西是属于他们的,而有一些东西是属于别人的。宝宝总是会呼喊着"我的,我的!"这就意味着他们已经自我诞生了。当看到宝宝进入这个阶段,父母不要为了宝宝的自私而指责宝宝,而是应该为宝宝已经有了自我意识而感到庆幸,尤其是不要给宝宝冠以负面的称呼,更不要给宝宝贴上负面的标签。

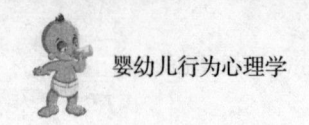

事例中，轩轩妈妈的做法很好。当发现小龙不愿意把铲车和轩轩分享的时候，轩轩妈妈引导轩轩用他的玩具铲车和小龙交换，这样一来就帮助小朋友们化解了矛盾，而且通过这样的方式，小龙和轩轩就都知道他们可以交换玩具给别人玩，既培养了孩子乐于分享的意识，又教会了孩子解决人际矛盾的方法。有一些小朋友可能会显得比较孤独，他们既不愿意把自己的玩具借给其他小朋友玩，也不愿意用自己的玩具和其他小朋友交换玩具玩，在这样的情况下，妈妈不要强求孩子，也不要谴责孩子，而是应该顺应孩子的内心，让孩子自主地做出决定。宝宝正处于自我意识萌芽时期，妈妈只有以正确的方式对待宝宝，才能够为宝宝营造健康良好的环境，促进宝宝的成长。

不，不，我就不

孩子越成长，烦恼就越多，很多父母都有这样的感触。这是因为孩子随着不断成长，不愿意再像小时候那样对父母言听计从，他们会有自己的主见，而父母却已经习惯了对孩子发号施令，也习惯了孩子对他们百依百顺。在这样的情况下，父母的控制欲与孩子的独立性之间就陷入了尖锐的对立状态，造成了尖锐的矛盾。例如，在宝宝三四岁期间，他们虽然向来都很听父母的话，却突然变得很叛逆，他们最喜欢说的话就是"不"。妈妈拿来一个香蕉给孩子吃，孩子说"不"；妈妈

第七章 倾听宝宝的心声，听懂宝宝的心语

让孩子睡觉，孩子说"不"；妈妈让孩子吃完饭再出去玩，孩子说"不"；妈妈让孩子赶紧洗澡睡觉，孩子却在床上滚来滚去，就是不愿意去洗澡；天热的时候，妈妈让孩子脱掉厚衣服，换上薄衣服，孩子说"不"；天冷的时候，妈妈让孩子穿更多的衣服保暖，孩子说"不"。面对着孩子的无数个"不"，妈妈感到非常抓狂，不知道孩子为什么突然之间变成了一个叛逆的小魔头，而远远没有小时候那么乖巧可爱和听话懂事。实际上，知道孩子心理的爸爸妈妈会知道，这是孩子在进入人生中的第一个叛逆期。

孩子在一生中会经历三个叛逆期。第一个是宝宝叛逆期，在宝宝两三岁期间出现；第二个是成长叛逆期，在宝宝七到八岁之间出现；第三个是青春叛逆期，在宝宝的十二岁到十八岁期间出现。那么当孩子位于宝宝叛逆期的时候，他们正在进行自我发展。面对宝宝的各种叛逆行为，妈妈不要只是单纯地认为宝宝任性不懂事，而是要看到宝宝这些行为背后隐藏的秘密。这样妈妈不仅不会为和孩子相处而感到厌烦，还会为此而感到十分高兴呢。我们的宝宝正在逐渐地走向独立，而父母对于每个孩子最大的心愿就是希望孩子能够离开父母的身边，独立地面对生活，这才意味着孩子的成长！

当然，虽然宝宝叛逆期通常出现在宝宝两三岁的时候，但是也有些孩子会出现提前或者滞后的现象。所以父母们不要只盯着孩子的年岁，而是要根据孩子的实际情况来判断宝宝是否已经进入了宝宝叛逆期。当意识到宝宝进入叛逆期之后，父母

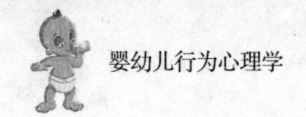

们就不会因为孩子的忤逆和抗拒而感到厌烦，而是会为孩子的成长而感到高兴。

那么，孩子为何会在两三岁期间进入宝宝叛逆期呢？这是因为在此期间，孩子的行走能力越来越强，他们自由活动的范围越来越大。与此同时，他们的各方面能力也得以增强。最重要的是在这个期间，他们的自我意识得到了发展，所以会更加具有我的概念。在做很多事情的时候，他们更愿意自主选择，而不愿意完全听从父母的安排。如果父母的安排不符合他们的心意，他们就会故意与父母唱反调，甚至有一些叛逆心比较重的孩子，即使父母的安排很符合他们的心意，为了表现出自己的主权，他们也会和父母唱反调。所以父母不要认为这是宝宝变坏了，而是要意识到在宝宝叛逆期，孩子最明显的变化就是他们从处处依赖父母到处处渴望独立。例如他们想自己倒水喝，他们想自己吃饭，他们想自己穿衣服，去户外的时候，他们不想和父母手拉手，而想自己走路。这是每一个孩子在成长过程中必然经历的阶段。如果妈妈总是强求要代替宝宝去做很多事情，那么宝宝就会因此而情绪崩溃，哭闹不休。这样强求的结果是更加激发起宝宝的逆反心理，使他们故意与妈妈对着干，妈妈要往东，他们却要往西，妈妈要往西，他们又要往东。明智的妈妈在宝宝叛逆期里，会采取其他的方法来应对宝宝，那就是顺从宝宝，尊重宝宝的反抗行为和想法，而不是总是反对和制止宝宝，否则宝宝的叛逆就会越来越严重。

具体来说，妈妈要做到以下几点，才能够帮助宝宝顺利度过叛逆期。首先妈妈应该尊重并且理解宝宝的言行举止。很多妈妈一听到孩子说"不",就会感到头大。她们认为这是孩子不听话的表现。实际上,孩子之所以说"不",是因为他们形成了自我意识,他们想要建立自我与自尊,所以才会对妈妈说"不"。在这个阶段,宝宝虽然还很小,但是他们渴望着自己能够和爸爸妈妈平起平坐,也希望能够和爸爸妈妈拥有一样的权利。所以当孩子用稚嫩的动作尝试着做一些事情的时候,如果孩子没有向爸爸妈妈求助,那么爸爸妈妈应该作壁上观,要尊重宝宝独立自主的意愿。除非当发现宝宝有可能因此而受伤,或者是宝宝凭着自身的能力无法完成这件事情的时候,父母才要在征求孩子的同意之后,对孩子施以援手。当父母坚持这么做的时候,孩子就会觉得自己受到了尊重,他们会更愿意和爸爸妈妈相处。

父母在面对孩子的好奇心和孩子提出的合理要求时,不要像孩子小时候那样总是否定孩子,或者总是要求孩子按照父母的意愿去做。每一个孩子都是有好奇心的,他们正是在好奇心的驱使下才会去探索世界,才会去完成自己想做的一些事情。父母要保护好孩子的好奇心,因为孩子只有拥有好奇心,才会产生求知欲,而且会在求知欲的驱使之下做出很多积极的学习举动。在体会成功的过程中,孩子会更加尊重父母,也会认可父母的很多观念,从而不再与父母尖锐地对抗。

再次,一切家庭教育都要以沟通作为桥梁,在和宝宝说话的时候,爸爸妈妈不要总是把自己的话一股脑地都说出来给宝宝听，而是应该先耐心地倾听宝宝说话。真正的沟通是从倾听开始的。尤其是在孩子常常说"不"的时候，爸爸妈妈更是要有足够的耐心，在倾听孩子的时候不要站在那里以巨大的身高落差来压迫宝宝，而是要能够蹲下来，保持在孩子能够以目光平视的高度，听完孩子说话。

如果孩子的各方面能力已经得到了发展，也能够完成一些事情，那么爸爸妈妈应该给予孩子以支持，在必要的时候给孩子提供帮助。对于孩子想做的事情，如果是有危险的，那么爸爸妈妈就应该告诉孩子为什么不能去做那件事情，以及去做那件事情会带来怎样的后果。孩子虽然小，但是父母只要耐心地对孩子解释，孩子就能听懂父母的意思，尊重父母，参考父母的意见。

最后，在对孩子提出要求的时候，父母要考虑到孩子的实际能力，以及成长所处的阶段，从而让要求更加合理。有一些父母对于孩子的成长总是急功近利，他们希望孩子一夜之间就能够长大成人，就能够成为栋梁之材。当然，这是不可能实现的。父母固然要对孩子高标准、严要求，但是却要尊重孩子的意愿。对于孩子不想做的事情，父母即使强求孩子去做，孩子也不会去做；对于孩子的能力达不到的事情，父母即使希望孩子能够做得更好，孩子也不会有更好的表现。所以父母一定要把握合理的限度，对孩子提出合理的要求，既不要纵容孩子，也不要让孩子感到为难，挫败孩子的自信心和积极性。

孩子的成长离不开父母的呵护，越是年幼的孩子，因为他们运用语言的能力还相对比较弱,所以父母就更应该保护好孩子。在和孩子相处的过程中,也要更加用心,这样孩子才能够健康快乐地成长。

孩子为何说狠话

在爸爸妈妈心中,孩子就像天使一般,但可爱单纯的孩子在到了三岁之后,却可能突然表现出魔鬼行为。尤其是在语言发展方面,他们才刚刚学会说话没多久,甚至有一些孩子在三岁前后才刚刚学会流利地表达,就会说出一些让父母非常震惊的话。例如他们会说"妈妈,我要杀了你""奶奶,我要把你从楼上扔下去""爸爸,你是个大坏蛋",这些语言听起来非常邪恶,就像是令人恐怖的咒语。听到孩子这么说话的时候,父母往往会感到非常担心。所以,当孩子说出这些话时,父母往往会反应过激,他们把这种诅咒视为洪水猛兽,决不允许这些诅咒淹没孩子纯真美好的心灵。但是父母们却没想到,他们越是反应过激,孩子就越是热衷于说这些狠话。那么,孩子为何会说这些狠话呢?父母只有了解孩子说这些话背后的心理原因,才能够采取正确的方式应对孩子。

在三岁前后,孩子正处于诅咒敏感期。在这个阶段,他们会发现那些不好的话具有很强大的力量,因而会热衷于说这些话。尤其是在人际交往的过程中,当听到他人说这些话的时候,孩子本身的模仿能力很强,所以也会学习他人的样子说这些话。对于孩子喜欢说狠话的这种行为,父母应该采取冷处理的方式。父母越是对这些狠话反应过激,孩子就越是会积极地说这些话。但反之,如果父母对孩子的狠话不闻不问,假装就像没有听见这些话一样,继续做该做的事情,或者并不给予孩子任何的回应,那么孩子就会觉得说狠话根本不好玩。渐渐地,他们就会忘记这些狠话,也不会再热衷于说这些狠话了。

有一天晚上下班回到家里,妈妈刚刚打开家门,走进家里,奶奶就大惊小怪地对妈妈说:"今天,晨晨说要把我从楼上扔下去,摔死我!"听到奶奶的话,妈妈感到非常震惊,问奶奶:"真的吗?她怎么会这么说呢?"奶奶说:"难道我还能撒谎吗?这肯定是她说了,我才会告诉你的呀。其实我也可以不告诉你,但是我觉得孩子说这些话是不是不太正常呀,我告诉你,是想让你也看看她的表现,帮助她纠正。毕竟孩子对我说这句话,我不会介意,但是如果对别人说这些话,人家就会很生气。"妈妈认为奶奶言之有理,当即对奶奶说:"是的是的,孩子有任何异常的表现,您都应该告诉我,这也是对孩子负责任。"

接下来几天,妈妈发现晨晨果然很爱说狠话。有一天晚上,妈妈要求晨晨去洗澡,晨晨不想去,但是天色已经很晚了,所以妈妈坚持让晨晨去洗澡。这个时候,晨晨歇斯底里地对妈妈说:"你是个坏妈妈,我要把你扔到楼下去!"亲耳听到晨晨说出这样的话,虽然妈妈已经做了心理准备,但还是觉得有些难以相信。看到晨晨说这些话时咬牙切齿的样子，妈妈非常担心。

这天晚上，晨晨睡着后，妈妈却很久都没有入睡，而是在电脑上查阅了相关的资料，这才知道孩子在三岁处于诅咒敏感期。这是妈妈第一次听说"诅咒敏感期"这个词语。她对晨晨的表现恍然大悟，赶紧把这个消息告诉了奶奶。奶奶问妈妈："那么如果她再说的时候，我该怎么办呢？我是揍她，让她不要再说，还是训斥她，让她不敢再说，还是就假装没听见呢？"

这也是个问题啊，妈妈幸好已经做好了准备。她对奶奶说："孩子如果说这些狠话，我们反应越激烈，他们就会越热衷于说。所以正确的反应就是假装没有听见他们的话，该干什么，渐渐地，他们发现这些话没有力量，就不会再说了。"

妈妈不但告诉了奶奶应该如何应对晨晨说狠话的现象，而且把这件事情也告诉了爸爸和爷爷。全家人为此召开了一次家庭会议，当然是在晨晨睡觉的时候。大家统一达成了共识，全都决定要在晨晨说狠话的时候假装没有听见。在全家人的共同努力之下，晨晨渐渐地不再那么频繁地说狠话了，然而她还是偶尔会冒出一些狠话、脏话来。

有一次，晨晨说出了一句只有农村最泼皮的村妇才会说的、非常难听的脏话，妈妈都不好意思复述，这又是为什么呢？要知道，家里并没有人说这些话呀！妈妈思来想去，觉得问题肯定出在公园里、小区里其他的爷爷奶奶身上。因而妈妈问奶奶："最近有没有带着晨晨在小区公园里听到有人说脏

177

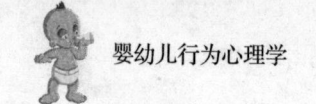

话?"奶奶说:"公园里有一个保姆是刚刚从农村来的,说话极其难听,没有文化,素质很低,说话很粗鲁。晨晨一定是跟她学会了说脏话。"妈妈对奶奶说:"既然知道晨晨是跟她学会说脏话的,那么再出去玩的时候,就不要跟她多接触了。孩子的模仿能力特别强,有的话他们即使听一遍也能够记住。如果他们记住了,经常说,对于坚持文明礼貌当然是不好的。"奶奶认为妈妈说得很有道理,接连点头。

这样一来,不仅从全家人对待晨晨说脏话、狠话的态度上得到了统一,而且奶奶也很有意识地带着晨晨和文明礼貌的人接触。渐渐地,晨晨不再说狠话和脏话了,又变成了那个活泼可爱、招人喜欢的小朋友。

处于诅咒敏感期的孩子对于那些脏话、狠话、诅咒的语言都非常感兴趣,所以诅咒敏感期才被称为诅咒敏感期。通常情况下,孩子在三岁的时候就喜欢学习别人说一些不好的话,而且越是被父母禁止,他们就越是热衷于说这些话。等到过了这个阶段之后,他们对于脏话,狠话异常感兴趣的心理就会渐渐消退,所以他们又会恢复到正常的言行。

在这个事例中,晨晨之所以说狠话,是因为她到了诅咒敏感期,而之所以说脏话,是因为她在小区广场里听到了保姆说这些脏话。作为父母,要知道孩子异常表现的原因,这样才能够有的放矢地对待孩子,帮助孩子。

孩子之所以会进入诅咒敏感期,与他们的成长是有关系的。随着不断成长,孩子会发现语言的力量是很强大的。有的时候，一句简简单单的话就能够产生很强的效果，甚至能够像一把刀剑一样刺伤别人的心。这样一来，孩子就会很热衷于运用这种力量，他们在说脏话狠话的时候，心中其实充满了快乐感和满足感。相比孩子的纯真无邪，成人则都非常畏惧这些可怕的咒语，不喜欢听到这些过激的言辞。那么当成人做出激烈的反应时，正好迎合了孩子的内心需求，也满足了孩子的内心需求。因而要从源头上掐断孩子热衷于说脏话、狠话这种心理状态，父母要控制好自己的情绪，在听到孩子说出脏话、狠话的时候，就假装没听见，从而让孩子渐渐地忘记这些不好的话。从这个意义上来说，冷处理是对孩子说脏话、狠话最好的应对方式。父母一定不要表现出对孩子说脏话、狠话的关注，而是可以表现出兴致索然的样子，渐渐地就会影响孩子，使孩子把脏话、狠话完全抛之脑后。

妈妈，帮我……

如今，大多数家庭里都只有一个孩子，而且父母本身也是独生子女，这就形成了独特的4-2-1家庭结构。所谓4-2-1家庭结构，指的是在一个家庭中有四个长辈，即爷爷奶奶姥姥姥爷，两个成人，即爸爸和妈妈，还有一个孩子。那么可想而知，六个成人的爱和关注都集中在一个孩子身上，孩子生活多么幸福呀！然而，在幸福的背后也隐藏着很多问题。例如父母和长辈都会事无巨细地为孩子做一些事情，那么，孩子在这样的骄纵和宠溺之下，渐渐地就会形成很强的依赖性，他们什么事情都不愿意做，什么事情也都懒得做。不管有什么事情，他们都会第一时间求助于父母，或者求助于爷爷奶奶、姥姥姥爷。曾经有一则网络新闻上写到一年级的小学生打扫卫生的时候，很多爷爷奶奶都拿着打扫卫生的工具涌到学校，心甘情愿地要代替孩子打扫卫生。不得不说，这样的爱让人感到啼笑皆非。如果说孩子在上一年级的时候，爷爷奶奶还老当益壮，帮助孩子打扫卫生。那么等到孩子上到初中一年级、高中一年级，甚至是大学一年级的时候呢，爷爷奶奶往往已经非常老了，他们还能继续帮助孩子打扫卫生吗？

明智的爱应该是给予孩子更多的锻炼机会，不要让孩子形成依赖性。如果孩子总是在父母的庇护下成长，总是过度依赖父母，那么不但会影响家人正常的生活，而且会限制自己的成长。明智的父母要及早对孩子放手，培养孩子的独立性。虽然孩子的能力是有限的，但是他们还是可以做一些力所能及的事情的。对于孩子能够完成的事情，父母应该给予孩子机会去完成。如果父母总是代替孩子去做，那么孩子就不可能独立面对困难。将来有朝一日长大之后，他们也不能扛起人生的重任。

现在有很多父母都没有意识到，孩子已经形成了很强的依赖性。他们依然在竭尽所能地帮助孩子，依然在为孩子提供最好的成长条件。那么我们不妨来看一看，等到父母有朝一日老去之后，又会面临怎样的状况呢？如今，很多年迈的父母都会抱怨孩子啃老,抱怨孩子不知道努力奋斗,他们以为是孩子出了问题,却从来没有想到是家庭教育出了问题。如果孩子在人生中的前几十年一直在父母的保护下生活,什么事情都由父母安排得非常好,那么他们又怎么会去安排自己的生活,并且尽量为自己的生活做好打算呢?等到有朝一日,父母老了,他们还在啃老,父母需要他们帮助和照顾,他们却什么能力都没有,这种情况下,父母即使感到懊悔也为时晚矣。

孩子每时每刻都粘在妈妈的身边,不管做什么事情,都第一时间向爸爸妈妈求助,这往往会让妈妈感到非常烦躁。前文我们说过孩子黏着妈妈的问题,如果孩子正处于建立安全感的关键时期,那么妈妈可以多多陪伴和帮助孩子,但是如果孩子已经过了建立安全感的关键时期,父母就要学会对孩子放手,让孩子有自己的生存空间,也给孩子机会去成长。

如果父母对孩子的宠溺是有限度的,那么在很多家庭里,长辈对孩子的宠溺则是无限度的。很多家庭中,因为爸爸妈妈都忙于工作,所以往往由爷爷奶奶或者姥姥姥爷负责照顾孩子。所谓隔代亲,就是说姥姥姥爷和爷爷奶奶在照顾孩子的时候,总是认为孩子非常娇弱,什么都不能做。又因为爷爷奶奶和姥姥姥爷往往已经退休了,既有时间又有精力,还有财力,所以他们就会对孩子无度纵容。孩子明明想独立地做一件事情,但是爷爷奶奶或姥姥姥爷等长辈却不由分说地剥夺了孩子的权利。他们心甘情愿地事必躬亲,为孩子做好每一件事,孩子怎么可能会不养成依赖他人的坏习惯呢?

很多年轻的父母会发现，把孩子放在长辈身边生活一段时间，等到把孩子接回身边的时候，孩子所长成的样子与父母的期待完全不同。这使得父母在照顾孩子的时候，需要改掉孩子很多不好的习惯，也要消除长辈给孩子的成长带来的很多负面影响。作为年轻的父母，应该亲自照顾孩子，即使工作再忙，也应该协调好工作与家庭之间的关系，而不是说生了孩子就之后就把孩子交给老人负责带养。

在儿童教育方面，有很多新鲜的观念，如敏感期。要培养孩子的独立性积极性，这些观念与老人传统的教养观念都是相冲突的，很多老人会想到自己的孩子小时候没有这么好的条件，吃了不少苦，所以他们就会把这些好的条件都提供给孙辈，仿佛是在心理上弥补自己对于孩子的亏欠。殊不知，这么做非但不是爱孩子，反而会害了孩子。正如人们常说的，父母对孩子的溺爱是对孩子最大的害。同样的道理，爷爷奶奶、姥姥姥爷对孩子的溺爱，同样也是对孩子的害。要想培养出独立自主的孩子，父母就要给孩子更多的成长空间，也要给孩子更多的机会去锻炼能力。如果发现老人对孩子过于溺爱，那么父母完全可以自己照顾和抚养孩子。

因为工作的原因，爸爸妈妈把晨晨送到爷爷奶奶家生活，想等到晨晨上一年级的时候，再把晨晨接到身边来上学。虽然他们生活在一个城市里，但是爸爸妈妈每天都早出晚归，所以在工作日里，他们很少去看晨晨，只有等到周末的时候才会去看晨晨。

第七章 倾听宝宝的心声，听懂宝宝的心语

周五晚上，因为下班比较早，妈妈先回到爷爷奶奶家里，想多陪陪晨晨。妈妈到家吃完饭之后，就跟晨晨在沙发上玩。晨晨正在吃她最爱吃的零食呢。吃完了，她觉得口渴，想拿起杯子喝水，却发现杯子没在身边，而在茶几的那一头。这个时候，她坐在那里喊道："奶奶，奶奶，帮我拿杯子！"这时，妈妈看到杯子就在桌子那头，晨晨只要站起来走两步就能拿到，却不愿意站起来拿，而非要喊正在厨房里忙活的奶奶拿。妈妈觉得很不高兴，对晨晨说："晨晨，你自己拿杯子。你站起来就可以拿到了。"晨晨对妈妈的话充耳不闻，依然坐在那里稳如泰山地喊道："奶奶，帮我拿杯子！"这个时候，奶奶从厨房里火速赶到晨晨身边，把杯子递给晨晨喝水，还在晨晨喝完水之后，又把杯子盖好盖子，放在晨晨伸手就能够到的地方。

妈妈对奶奶说："奶奶，你每次都这样帮晨晨拿杯子吗？"奶奶点点头说："是啊，这个家伙懒得很，不愿意自己拿，我又想让她多喝点水，那就只能帮她拿了。"妈妈对此颇有异议，她说："孩子已经这么大了，对于她可以自己做的一些小事情，你就不要帮她做了。让她养成了依赖的习惯，将来进入小学怎么办？您可不能跟着去学校里伺候她啊！"听到妈妈的话，奶奶的面色有些尴尬，说："船到桥头自然直，孩子到了小学之后就能够自立了。"妈妈无奈地摇摇头。

此后的两天里，妈妈一直在观察晨晨的表现，她发现晨晨不管做什么事情都会喊奶奶。当然，如果妈妈在她身边，她也会喊妈妈。但是在发现妈妈每次都会拒绝她之后，她就还是喊

奶奶。看到晨晨这样的表现，妈妈决定改变计划。她和晨晨爸爸商量："如果我们继续把晨晨放在老人身边，老人这么骄纵宠溺，就会把孩子带废了。我觉得我还是换一份轻松悠闲的工作，兼职照顾晨晨吧，这样最起码可以培养晨晨的独立性，让晨晨成长得更健康。"爸爸在听了妈妈的描述之后，也意识到问题的严重性，他非常支持妈妈的决定。就这样，妈妈辞掉了工作，把晨晨带到身边，大概用了一年的时间，妈妈终于改掉了晨晨凡事依赖他人的坏习惯，晨晨变得非常勤快，做自己力所能及的事，有的时候还会帮妈妈分担一些家务呢！

现代社会中，很多孩子的依赖性都特别强，这不是因为孩子本身懒惰，而是因为父母在教养孩子的过程中给了孩子误导，使孩子认为他们做什么事情都可以向父母或者是长辈求助。那么要想让孩子成长得更加独立，父母就要做到以下几点。首先，要经常提醒孩子自己能做的事情自己做，今天能做的事情就今天做。很多孩子都有依赖和拖延的坏习惯，他们会把该做的事情拖延到非做不可的时候再做。在此过程中，他们也就会形成懒惰的坏习惯。

其次，要给孩子更多的机会，让孩子独立地做事情。如果父母把孩子能做的事情全都做完了，孩子又有什么事情可以做呢？所以父母要根据孩子的能力发展，留下很多的机会来让孩子做事情，也可以刻意地创造一些机会给孩子展示。例如一岁的孩子想要自己吃饭，虽然他们会把饭撒得到处都是，但是他们却能够在此过程中锻炼手部的精细动作，也可以养成主动

吃饭的良好习惯。父母不要因为觉得孩子会把家里弄得乱七八糟，就剥夺孩子独立吃饭的权利，而是要给孩子机会锻炼独立吃饭的能力。有一些孩子到了两岁多之后不喜欢父母帮他们洗漱、穿衣服，那么父母也可以放手让他们自己洗漱、穿衣服。虽然孩子在第一次做的时候可能不会做得很好，但是只有给孩子机会去锻炼，孩子的能力才会得以提升。所以父母要坚持这个原则，让孩子得到更多的锻炼。

再次，孩子因为缺乏人生经验，在做很多事情的时候并没有掌握技能，所以不能取得良好的效果。在这种情况下，父母不要急于求成地代替孩子去做，而是可以指导孩子如何做得更好，也可以把自己学会的一些技能教给孩子，让孩子在做事情的时候有更好的结果。总而言之，不管孩子对一件事情做得是好还是不好，得到了怎样的结果，父母千万不要指责孩子，更不要嫌弃孩子自卑胆怯，否则孩子就会越来越胆小。每个孩子都渴望得到父母的鼓励和认可，只有得到父母的鼓励和认可，他们才能充满自信，也才能在各个方面有更好的表现。

宝宝为何爱挑衅

即使是作为成人，在置身于一个陌生的环境中时，也会情不自禁地感到害怕。我们之所以会感到害怕和恐惧，就是因为我们对于这个环境毫无了解，不知道这个环境对我们是友好的还是别有用心的,也不知道这个环境中是否隐藏着我们还没有觉察到的危险。成人尚且有这样的心理状态,更何况是孩子呢?随着一天天成长,孩子渐渐地离开了父母的身边,他们生活的半径越来越大,他们走出了家门,走入了更为广阔的世界里。他们不再只接触自己熟悉的人,而是会接触很多陌生的人,融入不同的群体。在这种情况下,孩子感到害怕和恐惧是正常现象,父母不要因此就指责孩子胆小怯懦,而是应该认识到这是孩子正常的心理表现。

其实,早在刚刚学会爬行的时候,孩子就已经明显表现出了想接近其他小朋友的行为。父母只要用心观察,就会发现孩子不会朝着人少的地方爬去,更不会朝着僻静的角落爬去,而是会朝着人多的地方爬去。但是又因为他们对于那些人非常陌生,内心产生了恐惧,所以在爬行的过程中,他们可能会停下来,也可能会表现出犹豫的样子。在这种时候,如果妈妈把孩子抱起来,试图带着孩子离开那个地方,孩子还会非常留恋地扭头看着那个地方。他们发自内心地不想离开那里,而想与更多的人接触。这是孩子对于社交的需求,也表现出孩子在社交方面的心理状态。

随着不断成长,孩子渐渐地学会了与人交往,他们看到陌生人时不再感到恐惧和害怕。有一些孩子与陌生人交往的欲望非常强,但是他们又不知道应该如何与陌生人搭讪,例如在小区广场上玩的时候,孩子看到有其他几个小朋友在一起玩得很好,而只有他自己孤独地站在旁边。他或者会羡慕地看着那些小朋友，或者会假装自己一个人也玩得很开心、很认真。但是父母只要认真观察，就会发现孩子只是在假装玩得认真而又开心，他实际上内心非常渴望能够融入那几个小朋友之中，和他们一起玩耍。因为自尊心，他们会假装若无其事地瞥向那些小朋友，还会为了排遣寂寞而自言自语，说着一些什么话。在这样犹豫纠结了一段时间之后，他会突然跑向那些孩子，帮助他们捡起滚了很远的球，或者还会故意拿着球跑向其他地方。他在跑的过程中有一个非常奇怪的动作，那就是他一边抱着球跑向别的地方，一边会回头看那些孩子。他脸上的表情非常微妙。他很兴奋，像是有一些居心叵测的样子，这样一来，那些刚才正在高兴玩耍的孩子们就只能追赶他。有些人还非常生气，责怪这个孩子太讨厌了，其实细心的父母会发现，这个孩子之所以做出这样的举动，只是想要吸引他人的注意。这种举动堪称是一种挑衅性的举动，但是这种挑衅性的举动并不是出于恶意，而只是因为孩子想融入团队。

在独自假装玩耍得很认真、很高兴的时候，孩子曾经不止一次地想到，如果他们能够对我发出邀请，让我跟他们一起玩儿多好呀！遗憾的是，那几个孩子玩得太投入了，并没有注意到他的存在，所以他只能用这种方式来宣示自己的存在。他的内心非常急切地渴望能够融入那群孩子之中，因而就只能冒险以这种挑衅的方式来吸引那群孩子的注意。

这正是很多孩子喜欢挑衅的原因。当被其他孩子跟在身后追赶的时候，他不再觉得自己是被追击的对象，而是会觉得自己已经融入了那几个孩子之中,已经如愿以偿地实现了目的。虽然那些孩子只是在追赶他,想要夺回他手里的球,但是孩子却并不管那些孩子追赶他的真正原因,他会把那些孩子的追赶理解为对他的回应,他也会很激动地认为那些孩子终于愿意和他一起玩了。

用成人的标准来评判,即使非常想融入陌生人之中,接近陌生人,也不应该采取这样挑衅的方式,毕竟谁也不想经历不打不相识的过程,而希望能够以好的开端,开始一段友谊。但是孩子可不像成人这么思虑周全,他们认为,不打不相识是最有效的认识方式。所以作为父母,当看到孩子做出这种故意挑衅的行为时,先不要对孩子发火,更不要指责或者质疑孩子为何捣乱,而是要理解孩子想要融入团队的迫切。要想让孩子尽量少做出这样挑衅的举动,父母可以教会孩子如何跟陌生人搭讪,如何和陌生人接近。如果孩子能够有更好的方式融入他们喜欢的团队之中,他们一定不会做出这么幼稚和冲动的举动。

孩子乐于与人交往是一件非常好的事情,如果孩子总是把自己封闭起来,不愿与他人交往,那么他们的自尊心就会受到极大的伤害,也会变得越来越封闭。对于孩子而言,父母即使怀着一颗赤子之心与他们玩耍,陪伴在他们身边,也不能够取代同龄人在他们成长过程中的重要作用。所以,爸爸妈妈要想帮助孩子,最重要的是教会孩子与他人相处,从而让孩子更加受到他人的欢迎。

第八章 捕捉宝宝的敏感期，了解宝宝的异常行为

意大利大名鼎鼎的教育家蒙台梭利说，敏感期指的是生物在发展初期阶段所独有的敏感性，它是一种灵光乍现的天赋和秉性，只在获得这种特性的时候才会突然间闪现出来。而一旦孩子获得了这种特性，他在这些方面就不会再具有独特的敏感性了。由此可见，敏感期是大自然赋予孩子的神奇生命力，帮助孩子在生命的历程中顺利地成长。父母既要等待孩子敏感期的到来，又要保持足够的敏锐，能够及时捕捉和发现宝宝处于敏感期之中的独特表现，这样才能够引导宝宝借助于这神奇的生命之力，构建健康的生命个体。

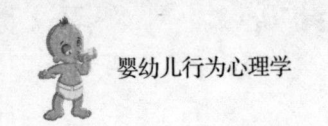

固执的宝宝，执拗的敏感期

把孩子交给老人抚养的父母，很难发现孩子的敏感期表现，这是因为孩子在敏感期的各种表现是非常微妙的。如果父母不能陪伴在孩子身边，也不能用心地观察孩子，又怎么能够及时发现孩子的敏感期呢？然而，那些亲自照顾孩子的父母会发现，孩子在一岁到三岁之间变得和一岁之前截然不同。例如，他们每天早上总是按照固定的顺序给自己穿上衣服，他们会非常固执地把自己的鞋子成对地摆放在鞋架上，他们在去幼儿园的路上必须选择固有的线路，而不愿意换一条新的线路。哪怕妈妈需要在新的线路上顺路买一些东西，他们也绝不妥协。他们每天晚上洗漱的时候一定要先刷牙，然后再洗脸，最后才会洗头洗澡。他们在睡觉的时候必须带着自己最喜欢的那条小薄被，而不愿意妈妈给他们换其他被子。在这些固有的秩序之中，如果爸爸妈妈不小心打乱了孩子的秩序，那么他们就会哭闹不止。有一些孩子因为妈妈走错了路，甚至要求妈妈回到原点重新再走一次。看到孩子这么执拗，妈妈往往会感到非常无奈，甚至会觉得可笑。很多父母不了解孩子在敏感期这种特有的表现，就会认为孩子是任性霸道，是在故意和爸爸妈妈作对，所以他们对孩子的态度非常粗暴，会严厉地训斥和批评孩子。当孩子做出情绪反应的时候，他们也不了解孩子为何会

第八章 捕捉宝宝的敏感期，了解宝宝的异常行为

有这么大的情绪反应，因而会刻意地压制孩子的情绪反应。实际上，这一切的一切都在向父母说明，孩子已经进入了秩序敏感期。作为父母，一定要了解孩子在秩序敏感期中的各种表现，而切勿对孩子采取强行压制的态度。

那么，什么叫作秩序敏感期呢？所谓秩序敏感期，指的是孩子对秩序非常敏感的成长阶段。这个时期对于孩子的一生都是非常重要的，而且充满了神秘感。在这个时期内，孩子会固执地坚持某种秩序。他们不愿意打乱事物的秩序，包括家中每一个物体的摆放，包括他们做很多事情的先后次序，在他们内心中都是已经固定的，不允许被打乱或者改变。这也就是孩子所拥有的强烈的秩序感。

蒙台梭利认为，孩子具有两重秩序感，也就是说孩子既具有外部的秩序感，也具有内部的秩序感。所谓外部的秩序感，指的是孩子对于外部世界存在的规律关系进行的感知和理解，所谓内部的秩序感，指的是孩子对于自己身体的部位和每个身体部位的秩序感。通常情况下。孩子在秩序敏感期的发展呈现螺旋式上升的方式。刚开始的时候，孩子因为秩序遭到破坏会哭闹不休，而等到秩序恢复之后，他们就会恢复安静。随着不断的发展，他们会成为秩序的守护者，他们会为了维护秩序而做出很多努力。

这个阶段与孩子的自我意识萌芽阶段是重合的。当具备了强烈的自我意识之后，他们为了维护秩序，会坚持要求重新来过。这就意味着孩子对于秩序的维护进入了巅峰状态。很多孩

子都会因为他们固守的秩序被父母破坏了而哭闹不止,他们也会为了维护自己的秩序而变得非常执拗任性。在这种情况下,如果父母不能理解和尊重孩子,总是肆意地破坏孩子建立的秩序感,而不愿意帮助孩子遵守秩序,那么孩子在秩序敏感期的发展就不能够实现。他们会因为在秩序敏感期的发展欲望没有得到满足而出现补偿性的行为,也就是说他们的秩序敏感期会延长,甚至会影响他们未来的生活。

由此可见,作为父母,了解孩子所处的特殊的身心发展阶段是非常重要的,这样才能够知道孩子在行为举止背后隐藏的心理原因。如果父母对于孩子的身心发展规律丝毫也不了解,而只是凭着当父母的本能去对待孩子,就会在无形之中伤害孩子。

今天早上,妈妈在送晨晨去幼儿园的时候,晨晨极其不配合。妈妈感到非常奇怪,因为晨晨已经去幼儿园一个多月了,基本上适应了幼儿园的生活,前几天都能够开开心心地去幼儿园,今天在去幼儿园的路上却为何哭哭啼啼呢?尤其是走到半路的时候,晨晨更是拉着妈妈的手,想要回头。妈妈看到晨晨不想去幼儿园,激动地说:"今天必须去幼儿园,每个小朋友每天都要去幼儿园!"晨晨哭得非常委屈,她哽咽着说:"回……回去……回去。"妈妈听不懂晨晨的意思,坚持拉着晨晨的手往前走。晨晨索性坐在地上哭了起来。

看到晨晨的情绪这么激动,妈妈只好先安抚晨晨。在妈妈的安抚下,晨晨的情绪渐渐地平静下来。她委屈地说:"走那边,走那边!"这个时候,妈妈猛然想起在一本看到过的关于敏

感期的内容,意思是说孩子必须每天走固定的路。原来,今天妈妈想给晨晨买一杯南瓜粥喝,因为晨晨在家里没有吃饭,所以妈妈才会选择走平时不走的一条路。因为这样就可以经过早点摊,没想到正是这个小小的改变,让晨晨的情绪有了这么大的波动。

妈妈马上带着晨晨往回走,走到他们走上岔路的地方,晨晨果然领着妈妈走上了她们平日里每天都走的那条路。这下子晨晨又变得开心起来,她叽叽喳喳地和妈妈说话。因为这条路不经过早点摊,所以妈妈只好去路过的小超市里买一杯酸奶,再买一个面包,给晨晨当早饭吃。晨晨吃完了香喷喷的面包,很高兴地喝完了酸奶,就和妈妈一路唱着歌儿走去学校了。看到晨晨在敏感期方面出现了这么明显的行为,妈妈感到非常惊讶,她一直以为敏感期只是很多教育专家提出的一个噱头,现在却意识到原来敏感期真的存在,而且孩子在敏感期真的会有专家所说的那些表现。后来,妈妈又重新读了那本关于敏感期的书,也了解了孩子在不同的敏感期会出现的行为举止,在教育晨晨方面就更得心应手了。

很多父母都觉得敏感期是专家提出的一些教育噱头,只有当他们真正在孩子身上发现孩子做出了敏感期特有的举动时,他们才愿意相信敏感期的存在。父母们应该怀着开放的态度教育孩子,毕竟现在是一个科学的时代,每个人做事情都要讲究科学的依据。对于孩子成长过程中的各种规律,既然专家进行了总结,也提出了要求,父母就要以此作为指导自己教育孩子的原则或者是理论,从而给予孩子更强大的成长助力。

有的时候，孩子对于秩序的敏感超出父母的想象。例如，有些孩子如果不把自己玩过的玩具放回原来的地方，他们就会觉得非常难受，即使父母不让他们这么去做，他们也会主动地把玩过的玩具放回原来的地方。只有在这么做之后，他们才能够觉得内心安宁。所以父母要抓住孩子的秩序敏感期，培养孩子的秩序感，例如让孩子把玩过的东西物归原处，让孩子每天早上和晚上都形成一定的规律，主动洗漱，让孩子在入睡之前能够主动阅读几篇故事，这些都是孩子生活的秩序。在此期间，帮助孩子养成良好的秩序，对于孩子的成长是很有益处的。

如果父母已经知道了敏感期的存在，那么当孩子表现出对于秩序的执拗时，父母不要训斥孩子，也不要批评孩子，而是应该理解和尊重孩子。尤其是要洞察孩子在特殊行为背后的心理需求和情绪状态，这样才能给予孩子及时的回应。在日常生活中，父母也要为孩子创造良好的家庭环境，为孩子树立良好的榜样，保持家中的环境非常干净整洁，一切物品的摆放都是整齐有序的。这样孩子在整齐有序的家庭环境之中生长，他们在长大之后也会保持这样的良好环境。

此外，还可以借此机会为孩子养成合理的作息规律，从而让孩子坚持早睡早起。这对于孩子的规律生活也是极有好处的。总而言之，父母是孩子的榜样，家庭环境是孩子赖以生存的环境，父母既要在这些方面成为孩子的好榜样，也要在家庭环境方面为孩子营造良好的环境，这样才能有助于孩子成长。

第八章 捕捉宝宝的敏感期，了解宝宝的异常行为

宝宝嫌弃妈妈吃过的食物

自从上了幼儿园之后，妈妈发现晨晨有了一个很明显的改变，那就是她不再吃妈妈咬过的苹果，也不吃妈妈尝过的饭菜，更不吃已经被掰开的蛋糕。即使是玩具有了破损，她也不愿意再玩，拿出一张画纸来画画的时候，如果画纸上有折痕或者缺了一个小小的角，晨晨就会拒绝使用。看到晨晨这样的表现，妈妈觉得晨晨实在是太挑剔了，而且不懂得珍惜。

有一次，晨晨把那个有疤痕的苹果放在一边不吃，妈妈狠狠地把晨晨批评了一顿。晨晨撇着嘴委屈地哭了起来。

后来，妈妈把晨晨的这个表现和另外一个宝宝妈妈说了。宝宝妈妈听到妈妈的作为之后，当即为晨晨喊冤叫屈。她对晨晨妈妈说："你这可是冤枉孩子了，孩子不是嫌弃你，而是因为她进入了审美敏感期。"晨晨妈妈感到很惊讶："孩子还有审美敏感期？"那位妈妈点点头说："当然，孩子在审美敏感期中，审美能力会大幅度提升，而且他们对于事物的要求也会更加追求完美。那些有疤痕的苹果、被掰开的蛋糕，或者是有划痕的画纸，都不符合宝宝在审美敏感期的追求，所以宝宝才会不愿意使用或者是食用。"听了这位宝宝妈妈的话，晨晨妈妈恍然大悟，她这才知道为何她批评晨晨的时候，晨晨撇着嘴委屈地哭了。原来，在审美敏感期的孩子特别追求事物的十全十美，难怪晨晨不愿意接受那些有残缺的事物呢。

知道晨晨进入了审美敏感期之后，妈妈就不再批评晨晨，

而是会尽量满足晨晨对于审美的要求。例如她会给晨晨一个完整的蛋糕，而且会找一个又大又红的苹果给晨晨吃，她给晨晨提供的画纸也都是非常干净整洁没有缺陷的。她为晨晨买的玩具也是色彩鲜艳的。在妈妈的配合之下，晨晨的审美能力快速提升，在很多事情上，她自己也都尽量做到完美。

相信很多妈妈都和晨晨的妈妈一样，曾经为孩子这种过于追求完美、吹毛求疵的行为感到恼火。有些父母还会因此给孩子贴上很多负面标签，认为孩子是鸡蛋里挑骨头，或者认为孩子被惯出了很多坏毛病。的确，孩子虽然得到了父母和长辈的宠溺，但是进入审美敏感期的各种表现可不是被宠出来的。审美敏感期对于宝宝而言是一个特殊的时期，在这个时期里，宝宝对吃的食物要求完整美观，对用的东西也要求完整美观。通常宝宝在两岁到三岁之间会进入审美敏感期，如果他们吃的或者用的东西是有缺陷的，那么宝宝就会感到很难接受。在这种情况下，父母如果能够给宝宝提供更完美的东西，宝宝就会破涕为笑。但是，如果父母坚持要求宝宝使用这些不完美的东西，宝宝就会又哭又闹，表示抗拒。

如果不知道宝宝在审美敏感期的表现，父母就会觉得孩子很调皮、很任性，而且是在故意找茬。如果父母在无心之中伤害了宝宝孩子的审美需求，使得孩子持续哭闹，那么孩子的心理发展就会因此而受到阻碍。所以，当两三岁的孩子出现要求完美的特别行为时，父母应该当即就想到孩子进入了审美敏感期。在审美敏感期中，孩子最看重物品的完整性，这是他们追

第八章　捕捉宝宝的敏感期，了解宝宝的异常行为

求审美的表现。在审美敏感期内，如果孩子能够得到满足，能够得到更多完整的事物，那么他们就能够为将来的审美能力奠定良好的基础。具体来说，父母要做到以下几点，才能满足孩子对于审美的需求。

首先，父母一定要正确评价审美敏感期的孩子。当然，前提是父母要知道审美敏感期的存在，也要了解孩子在审美敏感期中会有怎样的表现，否则就会认为孩子是非常奇怪的，也会认为孩子是在故意捣乱，因而不注重孩子内心对于完美的追求。例如，父母拿出一个被咬了一口的苹果给孩子吃，或者是拿出一个上面有虫子或者有疤痕的苹果给孩子吃，如果孩子不吃，那么父母不要指责孩子，而是可以顺从孩子的需求，找一个又大又红的苹果给孩子吃，也可以让孩子自主地挑选一个苹果。这样一来，孩子就能够满足对审美的需求，也会感到非常开心。

其次，父母要有意识地满足孩子对于审美的需求，尽量给孩子提供那些完整美观的东西。对于那些不小心被破坏的东西，或者是有瑕疵的东西，父母应该在孩子表示抗拒之后及时收回，这样才能够给孩子更好的满足。当然，父母也应该对孩子进行审美的教育。孩子处在敏感期时，对于美是非常敏感的，父母要经常带着孩子去大自然之中，让孩子接受大自然之美的熏陶，让孩子看看那些五颜六色的花朵，看看那些绿茵茵的草地，还可以让孩子看看其他一切美的东西。除了这些东西之外，还可以给孩子一些美的熏陶，例如让孩子听古典优美的音乐。总而言之，如果父母能够利用审美敏感期对孩子开展审美教育，那么孩子就能够形成健康的审美观，将来他们在人生之中对于审美也会有自己的追求，更是会在很多事情上做得更加趋于完美。

宝宝的模仿能力可真强

孩子的模仿能力是很强的，对于这一点，很多父母都深有感触。例如，妈妈在厨房里做饭的时候，孩子会学着妈妈的样子择菜、洗菜；妈妈在刷牙的时候，孩子也会学着妈妈的样子刷牙，妈妈刷到上牙，孩子也刷上牙，妈妈刷到下牙，孩子也刷下牙。孩子似乎不愿意错过妈妈的每一个动作，他们非常认真地模仿着妈妈。妈妈在扫地的时候，孩子也拿起一个笤帚跟在妈妈身后扫地。很多时候，孩子甚至不管自己的能力是否达到了相应的水平，也不管妈妈是否喜欢被他们模仿，他们就固执地想要模仿。在和爸爸在一起的时候，当爸爸做出一些勇敢的举动时，孩子也会模仿。总而言之，孩子是非常喜欢模仿的，而且他们往往能够模仿得惟妙惟肖。当孩子模仿他人做一些危险的动作时，爸爸妈妈就会感到非常担心，他们会认为孩子不知道危险，也特别调皮，为此而指责孩子。实际上对于孩子来说，他们并非故意调皮捣蛋，而是因为他们进入了模仿敏感期。

在模仿敏感期中，宝宝最喜欢模仿大人去做一些举动，但是他们的模仿并不是毫无意义的。在模仿的过程中，他们会进

第八章 捕捉宝宝的敏感期，了解宝宝的异常行为

行自我创造，他们的自我意识也会得到发展。因此当发现宝宝很喜欢模仿自己之后，父母应该尽量把动作放得慢一些，这样宝宝就可以更好地进行模仿。如果父母的动作做得过快，宝宝没有能力跟上，他们模仿起来就会特别吃力。当父母有意识地放缓动作，就可以满足宝宝在模仿敏感期的需求，帮助宝宝顺利地度过模仿敏感期，也可以让宝宝的自我创造能力和自我意识都得到充分的发展。

周末，妈妈带着三岁的龙龙去姥姥家里玩。姥姥因为患上了脑溢血，所以身体有偏瘫的情况，虽然经过锻炼和及时的治疗已经有所好转，但是姥姥走路的姿势还是与常人不同的。到了姥姥家里之后，龙龙最喜欢做的事情就是模仿姥姥走路。一开始妈妈觉得这是不尊重姥姥的表现，禁止龙龙这么做，但是姥爷却是经验丰富的老教师，他对妈妈说："三岁的孩子知道什么呀！他模仿姥姥并不是为了嘲笑姥姥，只是因为处于模仿敏感期，所以很擅长模仿而已。如果你不让他模仿，就相当于不能满足他模仿的需求，会让他的心理受到负面的影响。"

因为受到姥爷的影响，姥姥对于教育孩子和孩子的身心发展也是很有研究的，所以她并不介意小龙模仿她。看到姥姥和姥爷对小龙这样的态度，妈妈也就不再强行禁止小龙了。

刚刚来到姥姥家里，小龙就又开始模仿姥姥。他像姥姥一样把一只手别在腰部，而且走路的时候一条腿一跛一跛的。看到龙龙这么喜欢模仿，妈妈索性在手机上找到了一个节目，里面有不同的人走路的姿态，让小龙去模仿。果然，这个方法很

好，妈妈成功地转移了小龙的注意力，小龙整整一上午都在模仿手机里不同的人物姿态，甚至还会模仿很多动物的姿态呢！

中午吃饭的时候，妈妈给姥姥姥爷盛饭，小龙争抢着也要盛饭，他对妈妈说："妈妈，我也要给姥姥盛饭。"妈妈只好让小龙去盛饭。小龙乐此不疲地做这件事情，给家里的每个人都盛好饭。下午，妈妈给家里人切西瓜，小龙也争抢着要去切西瓜，妈妈只好让小龙拿着一个小一点的刀切西瓜，自己则在一旁紧张地盯着小龙，生怕小龙一不小心切到了手。看到小龙如此积极地做各种各样的事情，妈妈更加确定小龙正如姥姥姥爷所说的，进入了模仿敏感期。回到家里之后，妈妈告诉爸爸以后做事情都要慢一些，这样可以便于小龙模仿，而且一定要当着小龙的面做很多积极的事情，不能做那些危险的事情，以免小龙受到负面的影响。爸爸在听到妈妈解释了模仿敏感期之后，也很认可妈妈的做法，所以他和妈妈一起努力，给了小龙很多积极的影响。

两岁到三岁的孩子模仿能力是最强的，他们观察得非常细致，往往模仿得惟妙惟肖。当看到孩子模仿自己做很多事情的时候，父母不要禁止孩子去模仿。因为对于孩子而言，模仿正是他们智力发展的重要过程，也是他们学习的重要方式。处于模仿敏感期的孩子，不仅能够迅速有效地学会身体的很多技能，而且能够通过模仿进行自我创造，坚持学习。所以爸爸妈妈要给予孩子机会去模仿，也要以有效的方式帮助孩子进行模仿。

很多父母并不能发现孩子的模仿行为，这是因为孩子的模仿行为往往是非常微妙的。例如，有的孩子会模仿家人的一些

第八章　捕捉宝宝的敏感期，了解宝宝的异常行为

细小动作，张开嘴巴，噘起嘴，或者甚至会模仿家人的舌头在嘴巴里如何运动。这些细小的动作很不易觉察，但是如果父母提前知道宝宝在零岁到三岁之间正处于模仿敏感期，用心地观察宝宝的行为举止，那么就会发现宝宝的这些模仿行为。

正像故事中小龙的妈妈所担心的那样，她觉得小龙模仿姥姥的行为会让姥姥感到伤心难过。实际上，妈妈们都要知道，对于零到三岁的孩子而言，他们并不会去恶意地做一些事情，模仿本身并没有对错之分，父母只有给孩子提供正确的原型，这样孩子才能在模仿的过程中学到良好的行为。

如果父母在一起经常说一些文明礼貌的话，那么孩子也就会受到熏陶，坚持说文明礼貌的话。反之，如果父母在一起经常说那些脏话，那么孩子很快就会说学会说脏话。在有的家庭里，父母说话都很有条理，孩子说话也会井井有条。如果父母说话结结巴巴，那么孩子很容易就会变成一个结巴，甚至会因此而养成坏习惯，很难再流畅地说话。总而言之，模仿对孩子的作用力是很强大的，父母一定要给孩子正向的影响力，让孩子模仿正确的行为，这样才有助于孩子的成长。

宝宝怎么是个破烂大王啊

周末，爸爸妈妈带着琪琪去公园里玩。妈妈走在最前面，琪琪走在妈妈后面，爸爸则跟在琪琪的身后。这样一来，爸爸妈妈就可以全方位地监管琪琪,照顾琪琪。妈妈走着走着正和爸爸说话呢,突然发现身后没有了回音。她感到很纳闷,回头一看,却发现爸爸和琪琪正在很远的地方。爸爸站在旁边,琪琪正蹲在地上,不知道抠什么呢。妈妈赶紧回去查看情况,原来琪琪在地上发现了一个瓜子壳,那个瓜子壳落在砖缝之间很难拿出来,琪琪正抠抠嗦嗦地抠那个瓜子壳呢!看到琪琪这样的表现,妈妈真是觉得好笑。她对琪琪说:"琪琪,这是一个瓜子壳,是脏的垃圾,不能拿。"琪琪抬起头看看妈妈,对妈妈说的话充耳未闻,又继续抠起瓜子壳来。

这个时候,妈妈责怪爸爸:"你看到他拿瓜子,怎么不阻止他呀!瓜子壳那么脏!"爸爸不以为然地说:"你包里不是有消毒湿巾吗?等他满足了把瓜子抠出来的愿望之后,再用消毒湿巾给他擦擦手就没关系了。只要不让他把手放到嘴里吃,就不会有危险的。"

大概过了十几分钟,琪琪终于把砖缝里的瓜子壳抠出来了,他这才心安地跟着爸爸妈妈继续往前走。然而,走了一会儿之后,琪琪看到路边有一片塑料袋,就又脱离了既定的轨道去追逐那片塑料袋了。当时正好在刮风,塑料袋被风吹着到处飘,琪琪就跟在塑料袋后面一直追。妈妈无奈地对爸爸说:"看来你的儿子长大以后可能会是一个破烂大王吧。你看,他从小就表现对破烂表现出这么浓烈的兴趣,将来要是以此为生,你会不会觉得有些丢脸呢?"爸爸听到妈妈的话,忍俊不禁地说:"每个孩子都是破烂大王,不仅仅我的儿子是破烂大

第八章 捕捉宝宝的敏感期，了解宝宝的异常行为

王。退一步而言，就算他以后长大了真的成了破烂大王，能够把垃圾经营成自己的事业，我也会以他为骄傲的。"听到爸爸这么说，妈妈只好停留在那里，等着琪琪把塑料袋捡回来。

很多东西在父母眼里是垃圾，但是在孩子眼里，它们却是非常新奇有趣的。几个月的婴儿会拿着一块儿小小的纸片玩几个小时还乐此不疲。对于年幼的孩子来说，因为他们已经学会走路了，所以他们会在生活中看到更多的破烂小玩意儿。这些细微的事物并不会引起成人的关注，但是孩子在走路的时候却很容易就会发现它们，而且对于他们而言，这些事物特别神奇有趣，他们会热衷于对这些事物进行探索，也会对它们进行比较，发现它们之间的区别。如果父母禁止孩子去捡这些小玩意儿，孩子就失去了一个很大的乐趣；如果父母支持孩子去捡这些小玩意儿，就能够培养孩子的观察力，也能够让孩子从中得到乐趣。

当然，需要注意的是，孩子热衷于捡起一些细小的东西，那么父母一定要注意孩子的安全。有一些孩子在捡起细小的东西之后，会把这些东西放到嘴里，甚至吞咽到肚子里。如果父母没有发现，他们就会因此而受到伤害。这些东西或者会卡住喉咙，或者会在孩子的肚子里留存，对孩子形成危害。前段时间，网络上有一则新闻，说一个孩子因为肚子疼进入医院，医生在检查之后发现孩子的肚子里居然有十几颗磁力珠。这些磁力珠原本是父母买给孩子玩的益智玩具，但是孩子却趁着父母不注意，把磁力珠都吞到了肚子里。人的消化系统根本不能消化磁力珠，所以这些磁力珠在肚子里互相吸引，穿成了一串，

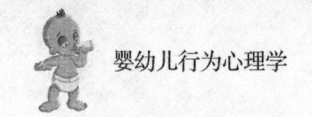

幸好发现得及时，否则孩子就有肠穿孔的危险。对于年幼的孩子来说，这些细小的东西是极具危险性的，在保证孩子安全的情况下，在保证孩子不会把这些东西放进嘴中的情况下，让孩子玩一玩这些小玩意，是没关系的。

孩子发现的小玩意儿可不仅仅是瓜子壳或者是塑料片等东西，他们还能发现更为细小的东西呢！例如一个小小的纸屑、一个微不足道的线头、一根细细的头发。孩子们看到这些东西的时候，都会把它们当成宝贝。他们会非常努力地拈起手指，把它们捡起来，甚至会把它们收藏起来。父母们往往不理解孩子的这种行为，其实这是因为孩子对细小事物非常敏感，进入了细微事物敏感期。所谓细微事物敏感期，就是孩子对细小事物非常感兴趣的成长阶段。

孩子在室外活动的时候，会对那些小石子、花瓣、蚂蚁、树叶等非常感兴趣，他们会采摘一片花朵或者是摘一片树叶，尤其是对于会动的小蚂蚁，孩子们甚至可以蹲在那里看很长时间。在室内进行活动的时候，他们会对头发纸屑、小小的线头等特别感兴趣。父母要有足够的耐心观察孩子感兴趣的东西，也要给予孩子一定的时间和空间去观察这些东西，了解这些东西。有些父母因为觉得孩子是在浪费时间，所以就会拖着孩子离开这些东西，却不知道这样会阻碍孩子的研究和探索行为，也会让孩子失去很多乐趣。

在观察这些事物的过程中，孩子还会形成专注力。所以父母不要轻易打断孩子对这些事物的观察，必要的时候还可以创

造机会,让孩子观察这些事物。例如可以带孩子去户外,让孩子观察地上的蚂蚁,在孩子进行观察的时候,父母要耐心地陪在孩子身边,等到孩子自己想要离开的时候,再让孩子离开。在此过程中,孩子的专注力会越来越强。

要想培养孩子的观察力,让孩子顺利地度过细微事物的敏感期,最重要的就是要带孩子经常亲近大自然。大自然中有着各种各样的事物,在大自然中,孩子可以满足他们观察的欲望,也可以满足他们动手的欲望。由于可以和那些美好的事物亲近和接触,所以孩子的身心都会健康地成长。

一些父母觉得孩子捡到的东西非常脏,所以虽然孩子很想收藏这些东西,但是他们却会把这些东西丢掉。其实,这些东西对于孩子而言,是他们成长的记忆,承载着他们的很多快乐。记得三毛在她的文章里就曾经写过她最喜欢捡破烂。看来,每个孩子都喜欢捡破烂,不管他们生活在什么年代,也不管他们生活在怎样的家庭里,更不管他们的年龄和性别。他们都是不折不扣的破烂大王。为了满足孩子收集破烂的需求和欲望,父母还可以为孩子创造一些小玩意。注意,尽量去创造那些不会危及孩子的东西,如头发、碎纸屑等东西。如果能在家里找到这些东西,孩子就会得到更大的满足。看起来,这只是一些垃圾,但是却能够让孩子得到快乐。有一些父母花费很多钱为孩子买玩具,孩子却不喜欢玩。对于父母而言,要明确一点,那就是不管给孩子买什么玩具,都应该以孩子喜欢为目的。如果孩子并不喜欢玩这些玩具,那么哪怕这些玩具再好也

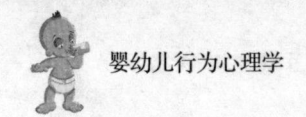

没有意义。父母给孩子的爱应该是孩子需要的,而不是父母单方面想给孩子的。

父母要陪着孩子顺利度过细微事物敏感期,孩子才不会对那些细微事物继续保持浓厚的兴趣。随着成长的不断进行,他们会进入新的敏感期,他们关注的焦点也会有所转移,所以父母一定要有耐心,要支持孩子关注这些细小的事物,也要支持孩子收集一些所谓的破烂,这何尝不是对孩子的爱呢?

宝宝怎么还是个破坏大王啊

面对襁褓中的婴儿,父母最大的愿望就是希望孩子快快长大,能够学会走路,可以去自己想去的地方。但是当孩子真的可以独立行走之后,父母的烦恼也随之而来,这是因为孩子在学会走路之后,他们活动的半径就扩大了,他们会因为好奇而做出各种各样的破坏行为。随着孩子自由活动的能力越来越强,爸爸妈妈会发现,家里很多的东西都会遭到孩子的破坏,尤其是当看到孩子把自己的化妆品弄得乱七八糟时,妈妈简直能够被气得发疯。前段时间,网络上流行一个段子,一个爸爸为了让孩子不再祸害妈妈的化妆品,把妈妈的很多化妆品都摆在孩子的面前,逐一拿起化妆品来问孩子这个化妆品能不能动。孩子看到爸爸每拿起一个化妆品,就使劲地摇头。看到孩子把头摇得和拨浪鼓一样,爸爸才会放心地把这个化妆品放下

第八章 捕捉宝宝的敏感期，了解宝宝的异常行为

去，然后再拿起另外一个化妆品，继续对孩子进行强化训练。

家里有一个孩子，就相当于有了一个破坏大王，尤其是在孩子进入到精细动作敏感期的时候，他们就更是会因此而做出很多搞破坏的行为。每个孩子在成长的过程中都要经历这个发展的阶段，这是他们动作发展的需要，也是他们在强烈的好奇心的驱使下，表现出的探索世界的欲望。如果父母禁止孩子做出这种破坏行为，那么孩子就不能满足精细动作的发展需要。只有让孩子在精细动作敏感期内满足发展的需要，他们才不会再继续破坏家中的各种物品。

为了让琪琪爱上阅读，妈妈不惜花费重金为琪琪买了很多的经典绘本。这些经典绘本都是质量非常好的，出自有名的出版社。可以说，妈妈非常看重对琪琪阅读能力的培养，也很希望琪琪从小就能喜欢阅读。然而，琪琪还小呢，她并没有对阅读表现出明显的兴趣，相反，她在拿起这些书的时候，反倒找到了这些书的另一个妙用，那就是她会把这些书拿起来，把书页撕成一页一页的。看到琪琪祸害这些价格昂贵的书，奶奶往往非常心疼，会禁止琪琪再拿这些书。但是妈妈对此却非常理解，她让奶奶不要禁止琪琪撕书，并且对奶奶说："琪琪现在爱撕书，将来一定会爱读书。"听到妈妈的这个理论，奶奶不以为然。

喜欢撕书和爱读书之间有什么关系呢？孩子明明就是在浪费妈妈辛辛苦苦赚钱买来的书，所以是一个不折不扣的破坏大王。为此，奶奶给琪琪冠以破坏大王的名称。然而，妈妈却坚决支持琪琪撕书。对于琪琪撕坏的书，妈妈并不会将其扔掉，毕竟琪琪是将其书页完整地撕下来的，所以，妈妈会将其收集齐整理起来，再进行装订。等到琪琪真正爱上阅读之后，再让琪琪来阅读。如果说奶奶对于琪琪的破坏行为是非常紧张的，那么妈妈对于琪琪的破坏行为则怀着宽容的态度。但是有一天，妈妈对于琪琪的破坏行为也感到非常恼火，她不得不努力控制住自己，才能让自己不对琪琪发火。

有一个同事去法国出差，为妈妈带回了一瓶价值不菲的香水。妈妈早就想要这样的一瓶香水，但是因为价格很高，所以她一直在犹豫。这次她终于得到了这瓶喜欢的香水，就把它放在自己的梳妆台上，每天把自己喷得香喷喷再出门。有的时候，妈妈还会让琪琪闻闻这瓶香水的味道呢！

琪琪看到妈妈每天都会喷香水，并不知道瓶子里是什么东西。有一天，趁着妈妈不在家，她走到妈妈的梳妆台旁，也拿着香水喷了起来。然而，她一不小心把香水掉到了地上，香水应声而碎。奶奶冲过来，看到琪琪把妈妈最喜欢的香水摔碎了，瞬间发起怒来，把琪琪训得呜呜大哭。为了让妈妈做好心理准备，奶奶把摔碎的香水拍了照片，用微信发给了妈妈。妈妈果然心痛欲碎。

回到家里，妈妈让琪琪站在她的面前接受批评，妈妈质问琪琪为何要把香水摔碎，琪琪对妈妈所说的话浑然不知。她不明白妈妈为何要批评她，看到妈妈严肃的样子，再看看琪琪胆怯的样子，爸爸非常心疼琪琪。他对妈妈说："坏了就坏了吧，我再送你一瓶！都是你自己没有放高处，孩子现在会走路

第八章 捕捉宝宝的敏感期，了解宝宝的异常行为

了，奶奶做饭又不能总看着她。有了这次教训，你要把怕摔的东西都保护起来。"从此之后，妈妈把梳妆台上所有的瓶瓶罐罐都收集到高处放起来，琪琪就算想拿也拿不到了。

对于一个会行走的孩子来说，最可怕的在于他们具有很强的破坏力。所谓初生牛犊不怕虎，把这句话用来形容刚刚学会走路的孩子是最恰当的。孩子对于周围的一切都充满了好奇。在不会走路之前，他们并不能接触他们感到好奇的那些东西，然而一旦具备了行走能力，他们就可以随心所欲地去自己想去的地方。所以作为监护人，即使想方设法地阻止孩子进行破坏，也很难完全看住孩子。最重要的是把那些怕被破坏的东西放在孩子够不到的地方，这样才能有效地保护好那些东西。

有的时候，孩子并不是故意去破坏的。尤其是对于两岁左右的孩子来说，他们的破坏行为都是无意识做出来的。他们只是因为进入了精细动作敏感期，所以才对破坏满怀热情。在成人眼中的破坏行为，对于他们而言，却是认识世界的良好方式，也能够帮助他们发展肌肉的动作，增强肌肉的力量。对于孩子这样无意识的破坏行为，父母应该多一些包容，让孩子更加勇敢地去做，而不要禁止孩子，更不要批评孩子，让孩子变得胆怯和束手束脚。只有在不断地成长之后，孩子的破坏行为才有可能会是有意识的。那么对于孩子有意识的破坏行为，父母可以采取禁止的态度。当然，如果孩子破坏的行为是为了探索事物，即使他们有意识地破坏了一些东西，父母也应该支持他们。

换而言之，孩子大多数的破坏行为都是他们对世界充满

209

好奇，想要展开探索的表现。所以父母不要禁止孩子搞破坏，而是应该带着孩子一起探索世界。如果孩子喜欢撕书，那么父母可以给孩子买几本布书，布书是撕不烂的。如果孩子喜欢拆卸闹钟，那么父母可以在家里多买几个闹钟，让孩子拆卸和组装，从而了解闹钟的构造。当孩子在敏感期得到了满足之后，他们就不会再肆无忌惮地破坏家里的东西了。当然，父母也要为孩子营造安全健康的成长环境。有些孩子在破坏的过程中会不小心伤害自己，这会让父母感到非常心疼，也会给孩子带来危险，所以父母要为孩子营造一个安全的环境，让孩子进行自由的探索。

宝宝爱上了阅读

娜娜每天晚上都喜欢听故事，尤其是在到了三四岁之后，从每个晚上讲一个故事，到每个晚上讲两三个故事。她甚至要求妈妈要给她讲五个故事。对于那些比较短的故事，妈妈可以满足她的要求，但是对于那些篇幅比较长的故事，妈妈只能狠心拒绝娜娜，并且坚持必须在半个小时之内就讲完所有故事。一开始，娜娜听故事的时候非常专注，她会看着绘本上的画面，听妈妈讲故事的情节。但是后来，娜娜有了一个很大的改变，这一点让妈妈非常厌烦。

给孩子讲故事不是一件好事情吗？难道不应该为孩子喜

欢听故事而感到庆幸吗？妈妈为什么会对娜娜感到厌烦呢？原来，娜娜特别喜欢问这个字怎么读。刚开始的时候，娜娜听妈妈讲故事并不关心文字，因为她也不知道妈妈讲到哪里了。但是后来，娜娜认识了一些字，那大概可以知道妈妈讲到哪里了。所以当妈妈讲到有生字的地方时，娜娜就会问妈妈那个生字读什么。一开始，妈妈很乐于告诉娜娜。但是娜娜总是问妈妈，有时候讲一个故事，娜娜要问十几个字，妈妈就感到很厌烦。

有一次，妈妈被娜娜问得厌烦了，对娜娜说："你还是自己看吧，你认识这么多字，有不认识的字就跳过去。"但是娜娜即使自己阅读，也不愿意跳过那些生字，她一会儿就拿着书去找妈妈问一个字，一会儿又拿着书去找妈妈问一个字。有的时候，她对于某个字怎么读忘记了，还会再三地去找妈妈问。虽然勤学好问的习惯是好的，但是妈妈一个晚上什么事都做不了，因为娜娜总是来问她不同的字读什么音，这让妈妈特别抓狂。娜娜到底是怎么了？为何突然之间对生字这么感兴趣呢？

实际上，娜娜进入了阅读敏感期。在阅读敏感期，孩子最明显的一个表现就是他们会强烈地要求认识每一个字。父母要抓住孩子进入阅读敏感期的这个信号，借助于这个机会，让孩子对阅读产生更浓厚的兴趣，也让孩子真正地爱上阅读。

阅读对于孩子的一生都会起到很重要、很积极的作用，这是因为书籍是人类精神的食粮，而阅读恰恰能够让孩子们以最廉价和最容易实现的方式汲取这些食粮。现代社会，所谓文盲不再指那些不认识字的人，而是指那些不能够坚持学习的人。对于普通人来说，只有以阅读的方式坚持学习，才能够实现终身学习。毕竟每个人不可能一辈子都在学校里学习，而阅读是生活中很容易做到的事情，也是孩子们很容易获得的成功基础。由此可见，阅读对于孩子的成长多么重要。伟大的科学家爱因斯坦曾经说过，对于孩子而言，阅读是最珍贵的宝藏。认识到这一点，爸爸妈妈还会因为孩子反复地来问一个字怎么读，而对孩子感到厌烦吗？一定要抓住这个时期培养孩子阅读的好习惯，激发孩子对于阅读的兴趣，让孩子从小就爱上阅读。这样孩子将来才能在书籍的海洋中畅游，才能增长见识，才能博古通今。这显然是非常重要的。

意大利著名的教育家蒙台梭利经过研究证实，宝宝之所以喜欢阅读，是一种自发性的行为，有一定的发展规律。通常，宝宝的各种能力在得到充分学习和练习之后，都会得以提升。一般情况下，宝宝会在四岁半到五岁半之间进入阅读敏感期。当然，如果父母对于孩子的阅读非常看重，经常引导孩子阅读，那么这个时期有可能提前。反之，如果父母对于孩子的阅读采取了忽视的态度，并没有引导孩子主动阅读，那么这个阶段就有可能延后。

在很多家庭里，父母都会给孩子讲睡前故事。在给孩子讲睡前故事的时候，父母要更加用心，要发现孩子不同于以往的行为表现。通常情况下，孩子进入阅读敏感期，除了强烈要求认识每个字之外，还会有以下五个特点。

第一点，他们会运用绘画或剪贴等方式制作图书，并且能够绘声绘色地把自己制作的图书讲出来。第二点，在倾听父母朗读的时候，他们能够集中注意力，发现父母已经讲到书中哪一段文字了，从而把文字与画面结合起来进行理解。第三点，他们能够掌握基本的握笔姿势，并且写很简单的独体字。第四点，他们能够把图书画面与文字进行对应，并且相互转换。第五点，他们了解了认读的规律，能够把已经掌握的书面语言运用到生活中。如果父母发现孩子在说话的时候能够说出一些书面语言，那么就意味着宝宝在阅读方面有了更深的理解和更强的运用能力。总而言之，阅读是会影响孩子一生的良好习惯和学习方式，父母要积极地为孩子创设阅读的环境。在家庭生活中，父母也可以经常阅读，为孩子营造阅读的环境，引导孩子和父母学习。此外，还可以在家中布置一个阅读区，这样父母和孩子可以同时坐在阅读区里阅读，这对于激发孩子的阅读兴趣是非常有好处的。

如今市面上有很多精致的绘本，这些绘本是非常经典的，对于孩子的成长也会起到很积极的作用。所以，父母也可以为孩子购买这些绘本。当然，最好的阅读方式就是亲子共读，父母也要抽出时间来陪伴孩子阅读，并且在此过程中鼓励孩子自由地阅读。当孩子遇到不认识的字向父母求助的时候，父母要有耐心地告诉孩子。当孩子对于书中的内容产生疑惑的时候，父母也要详细地为孩子讲解。如果父母能够抓住阅读敏感期来发展孩子的阅读能力，培养孩子阅读的好习惯，激发孩子阅读的兴趣，那么孩子就会一生与阅读相伴，也会因此而受益匪浅。

参考文献

[1] 龙春华.婴幼儿行为心理学[M].广州：华南理工大学出版社，2015.

[2] 琳恩·默里.婴幼儿心理学[M].北京：北京科学技术出版社，2019.

[3] 刘琜.婴幼儿行为心理学[M].海口：南方出版社，2017.